Matikkasavotta

Lukion lyhyen matematiikan kertaus

Usko Lahti

HARJOITUKSET JA RATKAISUT
KAIKKIEN VAPAASSA KÄYTÖSSÄ

http://tinyurl.com/matikkasavotta

© 2017 Lahti, Usko

Kustantaja : BoD – Books on Demand, Helsinki, Suomi

Valmistaja: BoD – Books on Demand, Norderstedt, Saksa

ISBN: 978-951-568-155-3

Alkusanat

Tämä kertauskirja on tarkoitettu Sinulle, joka valmistaudut lyhyen matematiikan ylioppilaskokeeseen.

Kirjassa on huomioitu siirtymäkausi vanhoista opetussuunnitelman perusteista uusiin ja toisaalta teknisten apuvälineiden laajeneva käyttö. Uusien opsien mukaan opiskelevat kirjoittavat pääosin keväästä 2019 lähtien, nopeimmat jo edellisenä syksynä.

Kirjan teksti, esimerkit ja harjoitukset soveltuvat yleensä sekä vanhojen että uusien opsien mukaan opiskeleville. Poikkeukset on ilmoitettu kirjaintunnuksella seuraavasti:

D = derivaattaan liittyvä. Vanhojen opsien peruskauraa, uusissa syventävän kurssin aihe.

L = lineaarinen optimointi. Vanhoissa opseissa pakollinen. Uusissa jäänee vähemmälle huomiolle, ehkä poistuu kokonaan.

T = todennäköisyys ja tilastot. Todennäköisyys- ja tilastolaskut sellaisenaan kuuluvat molempien opsien pakollisiin kursseihin. Merkityt asiat ovat uusissa opseissa osana syventävää kurssia. Tähti oikeassa ylänurkassa tarkoittaa, että tehtävä on opsien rajapinnalla.

Abi, käytä kertausaika viisaasti. Aloita alusta ja etene määrätietoisesti. Sivuuta tutut asiat nopealla lukemisella. Kirjan sisältö on yritetty virittää kokeenlaatijoiden taajuudelle. Jokainen aihepiiri on "tämä voi tulla" -tyyppinen. Selviydyt ylioppilaskokeessa paljon paremmin, jos ainakin kerran olet nähnyt aiheen ja tutustunut siihen liittyvään esimerkkiin tai laskenut harjoituksen.

Matikkasavotan tavoitteena on Sinun menestyminen ylioppilaskokeessa!

Tampereella, Mirjaminpäivänä 2017

Usko Lahti

PALAUTE TEKIJÄLLE
palautteeni@gmail.com

ILMOITUKSIA LUKIJALLE
matikkasavotta@gmail.com

Sisältö

Tunnuksella **A** merkityt esimerkit ja harjoitukset soveltuvat erityisesti ylioppilaskokeen A-osaan.

MAOL
Viittaa taulukkokirjan 1.-3. painokseen, Otava, Keuruu 2014.

HARJOITUKSET, RATKAISUT JA HAKEMISTO
KAIKKIEN VAPAASSA KÄYTÖSSÄ
http://tinyurl.com/matikkasavotta

Laskin ja taulukkokirja

• Tutustu laskimeen ja taulukkokirjaan hyvissä ajoin ennen ylioppilaskoetta. Voit käyttää useampaakin laskinta. Tyhjennä laskimen muistit ennen koetta. Huomaa, että jos palautat laskimeen "tehtaan säädöt", jotkut toiminnot voivat muuttua. Esimerkiksi kulman yksikkö voi muuttua radiaaniksi, vaikka haluaisit sen olevan asteita. Sinun on siis osattava palauttaa laskin sinulle tuttuun tilaan. Muista myös huolehtia, että laskimen virta riittää.

• Jätä laskimet ja taulukkokirja tarkastettavaksi ennen ylioppilaskoetta koulun ilmoittamalla tavalla.

Ylioppilaskokeessa

• Lue aluksi tehtävävihko kokonaisuudessaan. Aloita ratkaiseminen tehtävästä, joka vaikuttaa tutulta ja helpolta. Älä juutu pitkäksi aikaa johonkin tehtävään. Palaa siihen myöhemmin, mutta muista kuitenkin aikarajoitukset. Luonnostele kuvia ja kaavioita vapaasti, vaikka et liittäisi niitä varsinaiseen ratkaisuun. Tehtävän ratkaisussa etene järjestelmällisesti alusta loppuun. Ethän siirrä välituloksia suorituksen loppupuolelta alkupuolelle.

• Joskus tehtävän a-, b- ja c-kohdat liittyvät toisiinsa, joskus ne ovat kokonaan eri tehtäviä.

• Käy läpi tehtävä ajatuksella. Mitä annetaan? Mitä kysytään? Kopioi tehtävän luvut huolella. Huomioi yksiköt. Samassa tehtävässä voi olla vaikkapa kilometrejä ja metrejä, esimerkkinä tämän kirjan harjoitus 141. Jos kolmio on tasakylkinen, älä piirrä sitä tasasivuiseksi. Silloin hämäät itseäsi ja voit erehtyä käyttämään tasasivuiseen kolmioon liittyviä kaavoja.

• Muista kirjoittaa suorituksen eri vaiheille lyhyet perustelut. Kerro laskimen käytöstä, erityisesti jos käytät symbolista laskinta. Kirjoita välitulokset ja kerro miten niihin on tultu. Käytä tavanomaisia matemaattisia merkintöjä. Pelkkä laskimella saatu vastaus ilman perusteluja ei riitä. Älä kuitenkaan perusteluissakaan mene liian pitkälle, vaan pyri napakkuuteen.

• Joskus ratkaisu vaatii paljon tarkkaa työtä, joskus ratkaisu voi olla hyvin lyhyt. Älä mitätöi oikeaa ”ei tää voi olla näin helppo” -ratkaisua. Älä hylkää vaatimatontakaan kuvaa tai yritelmää ellei sallittu ratkaisujen maksimimäärä ylity. Irtopisteet kannattaa kerätä, jos mahdollista.

• Älä säikähdä pitkiä tehtäviä tai vieraita aiheita. Outo sisältö selostetaan tehtävässä. Esimerkiksi harjoituksessa 153 on nuolenpääkirjoitusta, mutta sehän on mukana vain jonkinlaisena somisteena. Oudon tehtävän sisältöä selostetaan tehtävän yhteydessä. Joskus tehtävänanto on melkeinpä äidinkielen ymmärtämisen pienoiskoe, esimerkkinä harjoitus 63, entinen ylioppilaskokeen tehtävä.

• Joihinkin tehtäviin voit saada otteen aihepiirin perusteella. Onko kyseessä eksponentiaalinen muutos? Jos annetaan tai kysytään kulmien asteita, kyseessä on usein suorakulmaisen kolmion trigonometriaan liittyvä tehtävä. Olethan huomannut, että filosofi **Pythagoras** vierailee lähes aina ylioppilaskokeen tehtävissä.

• Jos suinkin mahdollista, älä pyöristä välituloksia, sillä pyöristysvirheet voivat kertautua. Numeerinen lopputulos – varsinkin käytäntöön liittyvissä tehtävissä – joudutaan yleensä pyöristämään. Vastauksen on oltava sopusoinnussa tehtävässä annettujen lukujen tarkkuuden kanssa. Jos pyöristyssuunta on epätavallinen, kirjoita perustelu. Katso esimerkiksi harjoitus 9.

• Arvioi, jos mahdollista, vastauksen oikeellisuus.

• Jos ratkaiset tehtävän kokeellisesti luettelemalla, on sinun perusteltava huolellisesti ratkaisun oikeellisuus ja yksikäsitteisyys. Kokeiluratkaisu voi käytännössä olla hankala, jos kokeilujen määrä on suuri. Jos määrä on ääretön, ei kokeiluratkaisu ole kelvollinen, ellei määrää pysty rajoittamaan. Joskus kokeiluratkaisu on paras ratkaisu. Käytä luovuuttasi.

• Älä pelkää todistustehtävää. Se voi olla helppo, koska ”vastaus” ilmenee tehtävän muotoilusta. Vertaa poliisin toimintaan. Yleensä on vaikeampaa ”etsiä pankkirosvo” kuin ”todistaa, että joku on pankkirosvo”. Vaatimus todistamisesta ilmoitetaan tavallisesti sanoin

Todista, että ...
Näytä, että ...
Osoita, että ...

Tunnista väite, joka pitää todistaa. Mihin väite liittyy? Jos väite sisältää verrannon, tarvitaan ehkä ristiinkertomista. Jos väitteessä puhutaan käänteisluvuista, tarvitaan ehkä käänteislukujen määritelmää. Älä nojaudu perustelussa itse väitteeseen. Todistustehtävän ratkaisu ei yleensä ole pitkä.

1. Aika | Matka | Nopeus

Aja yksiköitä MAOL s. 67 - 68

sekunti	s	ajan perusyksikkö
minuutti	min	60 s
tunti	h	60 min = 3600 s
vuorokausi / päivä	d	24 h
viikko		7 päivää
kuukausi	kk	28 - 31 päivää, laskuissa usein 30 päivää
vuosi	a	365 tai 366 päivää, 12 kk, noin 52 viikkoa

Viikon ensimmäinen päivä on maanantai. Vuoden viikot numeroidaan 1, 2, 3 jne. Vuoden viimeisen viikon numero on 52 tai 53. Numerointia käytetään sovittaessa kokouksien tai tapahtumien ajankohtia. Esimerkiksi koulut ovat perinteisesti päättyneet viikon 22 perjantaina tai lauantaina.

Kuukausissa "ke-sy-mar-hu" on 30 päivää, helmikuussa 28 tai 29 päivää, muissa 31 päivää.

Tavallisesti vuodessa on 365 päivää. Joka neljäs vuosi on karkausvuosi, ja silloin on 366 päivää. Ylimääräinen päivä lisätään helmikuun loppuun. Karkausvuosiksi on sovittu ne vuodet, joiden vuosiluku on jaollinen neljällä. Tarkkaan ottaen kaikki nämäkään vuodet eivät ole karkausvuosia. Edellinen poikkeusvuosi oli 1900 ja seuraava on 2100, jotka eivät siis ole karkausvuosia.

Aurinkokello

Esimerkki[A] Herra *Phileas Fogg* kulki maailman ympäri 80 päivässä. Minä viikonpäivänä hän palasi, kun lähtöpäivä oli keskiviikko?

Pohdintaa

ke	to	pe	la	su	ma	ti	ke	to	pe	la	su	ma	ti	ke	to
	1	2	3	4	5	6	[7]	8	9	10	11	12	13	[14]	15

Kun keskiviikosta mennään eteenpäin 7 päivää, 14 päivää, 21 päivää jne. tullaan keskiviikkoon. Aina kun mennään eteenpäin luvun 7 monikerta päiviä, tullaan taas keskiviikkoon. Tämä johtuu siitä, että tietty viikonpäivä toistuu jaksoittain seitsemän päivän välein. Kuukausien tai vuoden päivien lukumäärällä ei asiaan ole vaikutusta.

Ratkaisu Kun keskiviikosta mennään eteenpäin luvun 7 monikerta, tullaan keskiviikkoon. Tässä sopiva monikerta on $11 \cdot 7 = 77$ päivää. Kun siis keskiviikosta edetään 77 päivää, tullaan keskiviikkoon. Päätellään, että 80 päivän kuluttua on lauantai.

Vastaus Fogg palasi lauantaina.

Esimerkki Lapsi on syntynyt 14. päivänä kesäkuuta. Kuinka vanha lapsi on seuraavan vuoden helmikuun 25. päivänä? Ilmoita vastaus vuosina desimaalilukuna.

Ratkaisu Ajattelemme, että lapsi on 15. päivänä kesäkuuta yhden päivän ikäinen, 16. päivänä kesäkuuta 2 päivän ikäinen jne. Laskemme iän päivinä kuukausi kuukaudelta.

Kesäkuu																
14	15	16	17	18	19	20	21	22	23	24	25	26	27	28	29	30
	1	2	3	4	5	6	7	8	9	10	11	12	13	14	15	**16**

Muut kuukaudet:

heinä	elo	syys	loka	marras	joulu	tammi	helmi	yhteensä
31	31	30	31	30	31	31	25	**240**

Lapsen ikä päivinä $16 + 240 = 256$

Lapsen ikä vuosina $\frac{256}{365} = 0{,}701 \ldots \approx 0{,}70$

Vastaus Lapsen ikä on 0,70 vuotta.

Esimerkki Robotti maalaa esineen ajassa 1 min 15 s. Kuinka monta esinettä robotti maalaa tunnissa?

Ratkaisu $1 \text{ min } 15 \text{ s} = 60 \text{ s} + 15 \text{ s} = 75 \text{ s}$

Selvitämme kuinka monta kertaa 75 s sisältyy yhteen tuntiin eli 3600 sekuntiin.

$$\frac{3600}{75} = 48$$

Vastaus Robotti maalaa 48 esinettä tunnissa.

Esimerkki[A] Toimistossa on kaksi yhtä nopeaa kopiokonetta A ja B. Kone A on heti käyttövalmiina, mutta kone B on suljettuna, ja sen lämpeneminen kestää 4 min. Pekka kopioi molempia koneita käyttäen mahdollisimman nopeasti erään käsikirjoituksen ja selviytyy urakasta 10 minuutissa. Kuinka paljon nopeammin työ olisi joutunut, jos molemmat koneet olisivat heti olleet käyttövalmiina?

Ratkaisu Ajatellaan, että kone kopioi N paperia minuutissa. Päätellään koneiden kopiomäärät.

	KONE A	KONE B
1 min	N paperia	0 paperia
2 min	N paperia	0 paperia
3 min	N paperia	0 paperia
4 min	N paperia	0 paperia
5 min	N paperia	N paperia
6 min	N paperia	N paperia
7 min	N paperia	N paperia
8 min	N paperia	N paperia
9 min	N paperia	N paperia
10 min	N paperia	N paperia

NÄMÄ KONE B KOPIOISI, JOS SE OLISI HETI KÄYTTÖVALMIS KUTEN A.

Nähdään, että kone B ehtisi kopioida kahden viimeisen minuutin paperit lämpenemisaikana. Työ sujuisi siis 2 min nopeammin, jos molemmat koneet olisivat heti käyttövalmiita.

Vastaus Työ sujuisi kaksi minuuttia nopeammin.

Esimerkki Määritä kellon viisareiden terävä välinen kulma, kun kello on 8:30?

Pohdintaa Kellon isoviisari kiertää 60 minuutin aikana täyden kierroksen eli 360°. Yhden minuutin aikana isoviisari kääntyy 360° / 60 = 6°. Voimme ajatella, että kellotaulun ulkoreunan minuuttijako vastaa jakoa 6 asteen kaariin.

1 min ↔ 6°

Ratkaisu Kello 8:30 jää viisareiden väliin kaksitoista ja puoli ”yhden minuutin kaarta”. Viisareiden välinen kulma on siten $12{,}5 \cdot 6° = 75°$.

Vastaus Viisareiden välinen terävä kulma on 75°.

Esimerkki Kuinka moneen eri järjestykseen voi 10 ihmistä asettua riviin? Kuinka kauan eri järjestyksien muodostaminen kestäisi, jos yhden järjestyksen muodostaminen kestäisi sekunnin? Anna vastaus tunteina. MAOL s. 52

Ratkaisu Erilaisten järjestysten lukumäärä on 10! = 3 628 800. Niiden muodostaminen kestäisi yhtä monta sekuntia. Muunnetaan aika tunneiksi.

$$3628800 \text{ s} = \frac{3628800}{3600} \text{ h} = 42 \text{ h}$$

1 h = 3600 s

Vastaus Erilaisia järjestyksiä on 3 628 800 kpl. Niiden muodostaminen kestäisi 42 tuntia.

Nopeus, matka ja aika tasaisessa liikkeessä

$$\text{nopeus} = \frac{\text{matka}}{\text{aika}} \qquad \text{aika} = \frac{\text{matka}}{\text{nopeus}} \qquad \text{matka} = \text{aika} \cdot \text{nopeus}$$

Ensimmäisen kaavan muistamista helpottaa tieto, että nopeuden yksikkö on tyyppiä "matka/aika", esimerkiksi km/h. Muut kaavat voidaan johtaa ensimmäisestä. Käytä toisiaan vastaavia yksiköitä. Jos esimerkiksi matkan yksikkö on **km**, ja nopeuden yksikkö **km/h**, saat keskimmäisestä kaavasta ajan yksikössä **h**.

Esimerkki[A] Henkilö seisoo kauniina kesäyönä veden ääressä. Hän rikkoo hiljaisuuden ja huutaa ”hep”. Vastarannalla on kallionseinämä, josta kaiku vastaa neljän sekunnin kuluttua. Kuinka kaukana seinämä on? Äänen nopeus on 340 m/s.

Ratkaisu Äänen nopeus on 340 m/s, joten ääni etenee yhden sekunnin aikana 340 m. Äänen *edestakaiseen* matkaan kuluu neljä sekuntia, joten ääni etenee huutajasta kallionseinämään kahdessa sekunnissa. Tämä matka on 340 m + 340 m = 680 m.

Vastaus 680 m

Esimerkki *Leo-Pekka Tähti* voitti Rion paralympialaisten 100 metrin ratakelauksen kultamitalin ajalla 13,90 s. Laske Tähden keskinopeus.

Ratkaisu matka = 100 m aika = 13,90 s

$$\text{nopeus} = \frac{\text{matka}}{\text{aika}} = \frac{100}{13{,}90} = 7{,}1942\ldots \approx 7{,}194 \ \text{(m/s)}$$

Vastaus Tähden keskinopeus oli 7,194 m/s.

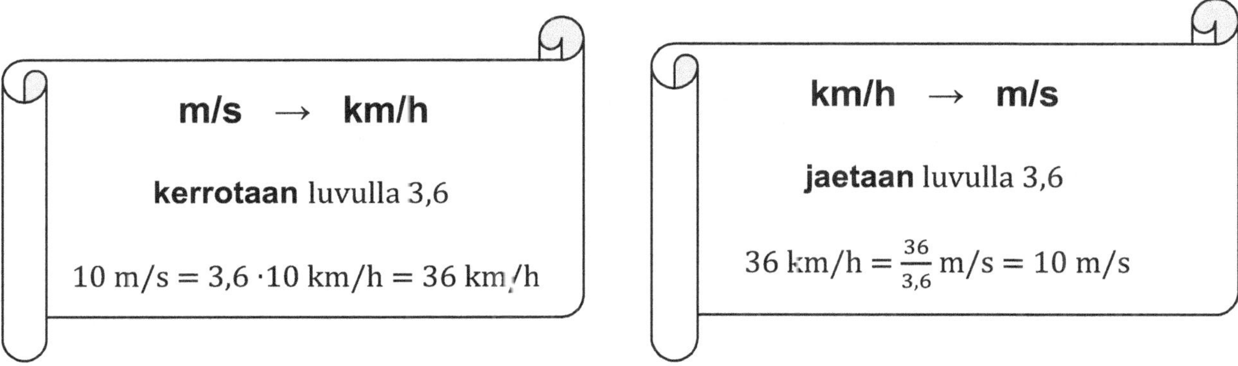

Nämä säännöt kannattanee muistaa ulkoa. Suhdeluku on **3,6**. Jaetaanko vai kerrotaanko 3,6:lla? Muistathan että suuremmat tulevat pienemmiksi jakamalla!

Esimerkki Autoilija havaitsee tiellä esteen. Kuinka pitkän matkan auto etenee 0,9 sekunnin reagointiajassa, kun auton nopeus on 120 km/h?

Ratkaisu $\text{nopeus} = 120 \ \text{km/h} = \frac{120}{3{,}6} \ \text{m/s}$ ← TÄMÄ MUUNNOS SIKSI, ETTÄ MATKAN SOPIVA YKSIKKÖ ON METRI.

$$\text{matka} = \text{aika} \cdot \text{nopeus} = 0{,}9 \cdot \frac{120}{3{,}6} \ \text{m} = 30 \ \text{m}$$

Vastaus Auto etenee 30 m.

Huomautus Esimerkissä ei laskettu jarrutusmatkaa. Katso harjoitus 14.

Nopeus yleisesti D

Olkoon $f(t)$ jokin "määrä" hetkellä t. Tällöin derivaatta $f'(t)$ ilmoittaa määrän muutosnopeuden hetkellä t.

Määrä $f(t)$ voi olla vaikkapa karhunpennun ruumiinlämpö talviunien aikana, jolloin $f'(t)$ kertoo ruumiinlämmön muutosnopeuden. Nopeuden $f'(t)$ yksikkö saadaan määrän ja ajan yksiköistä.

Ethän säikähtänyt! Kerrataan derivointi eli derivaattafunktion muodostaminen. Tarkastellaan kolmannen asteen monomia $5t^3$. Sen derivaatta on yhtä astetta alempi monomi eli toisen asteen monomi, jonka kerroin on $5 \cdot 3 = 15$. MAOL s. 41

$$f(t) = 5t^3$$

$$f'(t) = 15t^2$$

TÄHÄN TAPAAN DERIVOIDAAN MIKÄ TAHANSA MONOMI

Yksikertaisten monomien derivointi muistetaan suoraan.

$$g(t) = 6t$$

$$g'(t) = 6$$

$$h(t) = 7$$

$$h'(t) = 0$$

VAKION DERIVAATTA ON 0

Polynomilla tarkoitetaan yhtä monomia tai useiden monomien eli termien summaa. Polynomi derivoidaan termeittäin.

$$p(t) = 5t^3 + 6t + 7$$

$$p'(t) = 15t^2 + 6$$

Esimerkki^A D Olkoon $f(x) = 4x^3 - 2x + 6$. Laske $f(1)$ ja $f'(1)$.

Ratkaisu Tässä muuttuja on merkitty kirjaimella x, mutta sillä ei ole oleellista merkitystä.

$$f(x) = 4x^3 - 2x + 6 \qquad f'(x) = 12x^2 - 2$$

$$f(1) = 4 \cdot 1^3 - 2 \cdot 1 + 6 = 8 \qquad f'(1) = 12 \cdot 1^2 - 2 = 10$$

Vastaus $f(1) = 8, f'(1) = 10$

Esimerkki D Karhunpennun ruumiinlämpö vaihteli talviunien aikana likimain funktion

$$f(t) = 0{,}0017t^2 - 0{,}18t + 38, \qquad 0 \le t \le 91,$$

mukaan. Kaavassa t tarkoittaa aikaa vuorokausina talviunien alkamisesta ja $f(t)$ ruumiinlämpöä celsiusasteina. Pentu oli vajaan vuoden ikäinen ja mittaukset tehtiin tarhaolosuhteissa. Määritä ruumiinlämpö ja sen muutosnopeus 20 päivän kohdalla. LÄHDE: ANNALES ZOOLOGICI FENNICI, 4/1997.

Ratkaisu $f(t) = 0{,}0017t^2 - 0{,}18t + 38$ ← RUUMIINLÄMPÖ

$f'(t) = 0{,}0034t - 0{,}18$ ← RUUMIINLÄMMÖN MUUTOSNOPEUS

Karhunpennun ruumiinlämpö 20 päivän kohdalla saadaan sijoittamalla annettuun ruumiinlämmön lausekkeeseen kirjaimen t paikalle 20.

$$\underset{\underset{20}{\uparrow}}{f(t)} = 0{,}0017\underset{\underset{20}{\uparrow}}{t}^2 - 0{,}18\underset{\underset{20}{\uparrow}}{t} + 38$$

$$f(20) = 0{,}0017 \cdot 20^2 - 0{,}18 \cdot 20 + 38 = 35{,}08 \approx 35 \quad (°C)$$

Vastaava ruumiinlämmön muutosnopeus saadaan sijoittamalla derivaatan lausekkeeseen kirjaimen t paikalle 20.

$$f'(20) = 0{,}0034 \cdot 20 - 0{,}18 = -0{,}112 \approx -0{,}1 \quad (°C/vuorokausi)$$

Vastaus Ruumiinlämpö oli 35 celsiusastetta ja se laski 0,1 celsiusastetta vuorokaudessa.

Pyöristäminen

Mikäli mahdollista, **älä pyöristä laskun välituloksia**, sillä pyöristysvirhe saattaa jatkossa moninkertaistua. Esimerkiksi

$$\frac{3}{\frac{4}{3}-1} = 9,$$

mutta jos korvaat luvun $\frac{4}{3}$ likiarvolla 1,3, tulee lausekkeen arvoksi 10!

Lopputulos – varsinkin käytännön elämään liittyvissä tehtävissä – on yleensä sopivasti pyristettävä. Ohjenuorana tässä pidetään tarkkuutta, joka on sopusoinnussa tehtävän lukujen tarkkuuden kanssa. Pyöristyksen suunta pitää aina erikseen järkeillä.

Harjoituksia

1^A. Kuinka monta päivää on viikon 18 alusta viikon 22 loppuun?

2^A. 3D-tulostin muotoilee yhden esineen 12 minuutissa. Kuinka kauan kestää 20 samanlaisen esineen muotoilu? Ilmoita vastaus tunteina.

3^A. Kuumailmapallo nousee kohtisuorasti nopeudella 2 m/s. Kuinka korkealle pallo nousee 35 sekunnissa?

4^A. Henkilön päivittäiseksi työajaksi on sovittu 6,50 h. Henkilö työskentelee eräänä päivänä 6 h 50 min. Kuinka paljon ylimääräistä työaikaa kertyy?

5. Vuonna 2016 Suomessa kulutettiin noin 300 miljoonaa muovikassia. Kuinka monta muovikassia kulutettiin asukasta kohti viikossa, kun Suomen asukasmäärä oli 5,5 miljoonaa. Voidaan olettaa, että vuodessa on 52 viikkoa.

6. Lentokentän matkatavaroiden kuljetushihna tekee täyden kierroksen ajassa 4 min 45 s. Hihna alkaa liikkua kello 15.42. Kuinka monta kierrosta hihna on tehnyt kello 16.20 mennessä?

7. Sähkökäyttöinen itseohjautuva formula-auto *Robocar* etenee 151 metrin matkan 1,70 sekunnissa. Laske auton keskinopeus. Ilmoita vastaus yksikössä km/h.

8. Lentokoneessa tarjoillaan välipala ja se nautitaan 5 minuutissa. Kuinka pitkän matkan kone etenee tänä aikana, kun sen nopeus on 900 km/h?

9. Henkilön kotoa asemalle on 3,2 kilomet matka. Kuinka paljon aikaa henkilön on vähintäänkin varattava aikaa ehtiäkseen kävellen täsmällistä aikataulua noudattavaan junaan, kun henkilön kävelynopeus on 5,0 km/h? Anna vastaus minuutteina minuutin tarkkuudella.

Ohje: Järkeile huolella pyöristyksen suunta.

10. Kello on 11:10. Laske viisareiden välinen terävä kulma.

11. Helsingin vuotuinen sademäärä on 705 mm. Kuinka monta prosenttia ajasta on poutaa, kun sateella sademäärän arvioidaan olevan 0,48 mm tunnissa? LÄHDE: YLIOPPILASKOE KEVÄT 1926.

12. Ratsastaja käy talleilta 9,0 kilometrin päässä olevalla majalla ja palaa samaa tietä takaisin. Menomatkan hän ratsastaa nopeudella 10 km/h ja paluumatkan nopeudella 15 km/h. Määritä ratsukon keskinopeus koko matkalla.

Ohje: Laske ensin aika, joka ratsukolta kuluu menomatkaan, paluumatkaan ja koko matkaan. Keskinopeus =

$$\frac{koko\ matka}{koko\ matkaan\ kulunut\ aika}$$

13. Kuinka kauan kestää radioviestin tuleminen Marsista Maahan, kun radioaaltojen nopeus on 300 000 km/s? Anna vastaus minuutteina. Oletetaan, että planeetat ovat asemassa, jossa niiden välimatka on 180 000 000 km.

14. Autoilija, joka ajaa nopeudella 90 km/h, näkee yllättäen hirven 150 metrin päässä keskellä tietä. Varsinainen jarrutus alkaa havaitsemisesta 1,0 sekunnin kuluttua ja auto pysähtyy juuri ja juuri hirven kohdalle. Kuinka paljon "pelivaraa" olisi jäänyt, jos auton nopeus olisi alkuaan ollut 72 km/h ja jos autoilija olisi reagoinut ja jarruttanut samalla tavalla? Jarrutusmatka on suoraan verrannollinen nopeuden neliöön.

15. Kahta paikkakuntaa yhdistää 15 km pitkä tie. Pyöräilijä ja jalankulkija lähtevät samanaikaisesti toisiaan vastaan tien eri päistä. Pyöräilijän nopeus on 20 km/h ja jalankulkijan 5 km/h. Kuinka pitkän matkan on pyöräilijä edennyt kohdattuaan jalankulkijan?

Ohje: Merkitse kohtaamiseen kuluvaa aikaa x:llä. Ilmoita sen avulla pyöräilymatka ja kävelymatka. Muodosta yhtälö

pyöräilymatka + *kävelymatka* = 15.

Ratkaise aika ja laske sen avulla kysytty matka.

16 D. Kun kappale lähtee vapaasti putoamaan, se on t sekunnin kuluttua pudonnut noin $5t^2$ metriä. Kappaleen nopeus hetkellä t saadaan derivoimalla tämä lauseke. Benjihyppääjä pudottautuu korkealta sillalta. Kuinka suureksi kasvaa hyppääjän nopeus yhden sekunnin vapaan pudotuksen aikana?

17 D. Pallon heitetään suoraan ylöspäin. Pallon korkeus maanpinnasta t sekunnin kuluttua on $h(t)$ metriä,

$$h(t) = -5t^2 + 10t + 1.$$

Määritä pallon korkeus ja nopeus 1,5 sekunnin kuluttua.

Ohje: Korkeuden saat sijoittamalla annettuun lausekkeeseen t:n paikalle 1,5. Nopeuden saat derivoimalla lausekkeen ja sijoittamalla derivaatan lausekkeeseen t:n paikalle 1,5.

18. Eräs norjalainen matematiikan oppikirja vuosikymmenien takaa esittää mallin, joka kuvaa miesten 100 metrin juoksun maailmanennätyksen kehittymistä. Sen mukaan ennätys E (sekuntia) lasketaan vuosiluvun x avulla yhtälön

$$E = \frac{69\frac{2}{3}}{x-1856} + 9\frac{1}{3}, \quad x \geq 1912,$$

mukaan. Laske mallin mukainen ennätys vuonna 2009 ja vertaa sitä todelliseen, *Usain Boltin* MM-aikaan 9,58 vuodelta 2009. Minä vuonna Boltin ennätys lyötäisiin, jos malli pätisi?

2. Prosentit | Eksponentiaalinen muutos

Prosentin määritelmä

$$p\,\% = \frac{p}{100}$$

$$\frac{7}{20} = \frac{35}{100} = 35\,\%$$

Desimaalimerkintä

$15\,\% = 0{,}15$ $\quad$ $1{,}5\,\% = 0{,}015$ $\quad$ $0{,}15\,\% = 0{,}0015$

Muistisääntöjä

Laske 15 % luvusta 240.

$$0{,}15 \cdot 240 = 36$$

Kuinka monta prosenttia luku 2 on **luvusta 25**?

$$\frac{2}{25} = 0{,}08 = 8\,\%$$

Luku 240 **suurenee 15 %**

$$100\,\% + \mathbf{15}\,\% = 115\,\% = 1{,}15$$

Kasvanut luku on

$$1{,}15 \cdot 240 = 276$$

Luku 240 **pienenee 15 %**

$$100\,\% - \mathbf{15}\,\% = 85\,\% = 0{,}85$$

Pienentynyt luku on

$$0{,}85 \cdot 240 = 204$$

Kuinka monta prosenttia luku 170 on pienempi **kuin** luku **200**?

$$200 - 170 = 30$$

$$\frac{30}{\mathbf{200}} = 0{,}15 = 15\,\%$$

Kuinka monta prosenttia luku 230 on suurempi **kuin** luku **200**?

$$230 - 200 = 30$$

$$\frac{30}{\mathbf{200}} = 0{,}15 = 15\,\%$$

Esimerkki[A] Pusero maksaa 20 €, mutta hintaa alennetaan 30 %. Laske alennus.

Ratkaisu alennus $30\ \% = 0{,}30$

alennus $0{,}30 \cdot 20\ € = 6\ €$

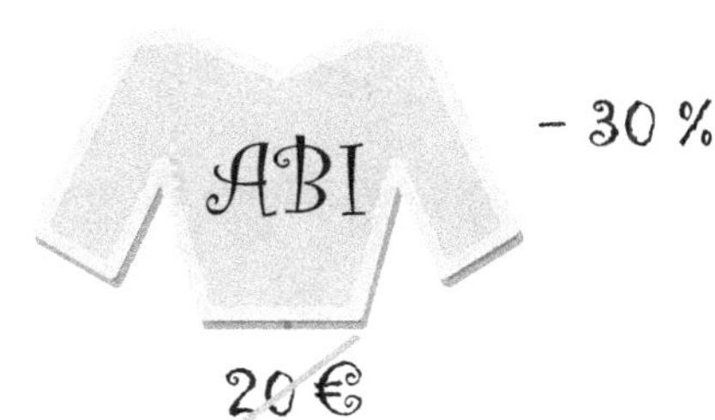

Vastaus Alennus on 6 €.

Esimerkki[A] Sekoitetaan 190 g vettä ja 10 g suolaa. Laske muodostuvan liuoksen suolapitoisuus.

Ratkaisu

10 g

190 g

10 g + 190 g = 200 g

Liuosta muodostuu 200 g, josta suolaa on 10 g. Suolan määrää verrataan koko liuoksen määrään.

$$\frac{10}{200} = \frac{5}{100} = 5\ \%$$

Vastaus Suolapitoisuus on 5 %.

Esimerkki[A] Saaren pinta-ala pienenee kohonneen veden takia 400 hehtaarista 280 hehtaariin. Kuinka monta prosenttia saaren pinta-ala pienenee?

Ratkaisu Pinta-ala pienenee 120 ha. Tätä verrataan alkuperäiseen pinta-alaan.

$$\frac{120}{400} = \frac{30}{100} = 30\ \%$$

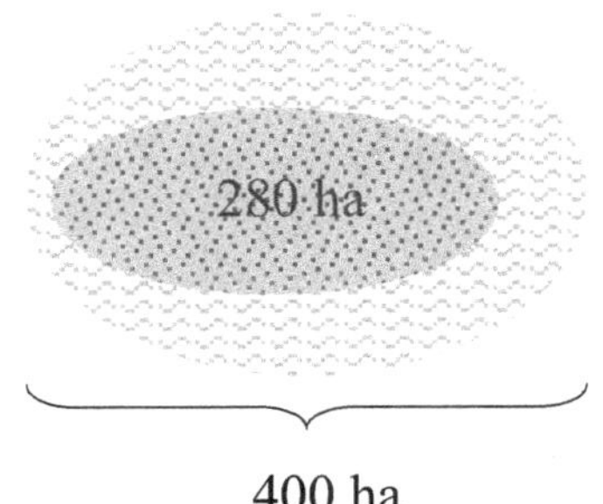

Vastaus Saaren pinta-ala pienenee 30 %.

Esimerkki[A] Operaattorit A ja B perivät liittymistä vastaavasti 20 €/kk ja 25 €/kk. **a)** Kuinka monta prosenttia halvempi on A:n hinta? **b)** Kuinka monta prosenttia kalliimpi on B:n hinta?

Ratkaisu Hintaeroa 5 € verrataan *kuin*-sanan jälkeen tulevaan määrään.

a) Kysymystä voidaan jatkaa …

A:n hinta *kuin B:n hinta*?

$$\frac{5}{25} = \frac{20}{100} = 20\ \%$$

b) Kysymystä voidaan jatkaa …

B:n hinta *kuin A:n hinta*?

$$\frac{5}{20} = \frac{25}{100} = 25\ \%$$

Vastaus a) 20 %, b) 25 %

Esimerkki Palkankorotus on 2 %, mutta vähintään 40 €/kk. Kuinka suureksi kasvaa 1800 euron suuruinen kuukausipalkka?

Ratkaisu Palkankorotuksen suuruus 2 prosentin mukaan olisi

$$0{,}02 \cdot 1800 = 36 \quad (€)$$

Tämä on alle 40 €, joten korotus on 40 €. Uusi palkka on 1800 € + 40 € = 1840 €.

Vastaus Palkka korotuksen jälkeen on 1840 €.

Esimerkki Kakku maksaa 31 €. Hinta sisältää 24 prosentin arvonlisäveron, joka lasketaan tuotteen verottomasta hinnasta. Laske tuotteen veroton hinta.

Ratkaisu kakun veroton hinta (€) x

lisätään tähän 24 % $1{,}24x$ ← TÄMÄ OSTOHINTA ON TOISAALTA 31 €

$$1{,}24x = 31$$

$$x = \frac{31}{1{,}24} = 25 \quad (€)$$

MUISTA ULKOA TÄMÄNTYYPPINNEN RATKAISEMINEN

Vastaus Kakun veroton hinta on 25 €.

Esimerkki[A] Lainan korko laski 5 prosentista 3 prosenttiin. **a)** Kuinka monta prosenttiyksikköä korko laski? **b)** Kuinka monta prosenttia korkomenot laskivat?

Pohdintaa a) MAOL s. 14, **b)** Ei voida olettaa, että lainaa olisi jokin tietty euromäärä, esimerkiksi 1000 €. Lainan määrä voidaan merkitä $100a$, jolloin vältytään desimaaliluvuilta.

Ratkaisu a) 5 % – 3 % = 2 %

b) Olkoon lainan suuruus $100a$. Korkomenot ovat ensiksi $5a$ ja sitten $3a$. Korkomenot ovat vähentyneet $2a$. Tätä verrataan alkuperäisiin korkomenoihin.

$$\frac{2a}{5a} = \frac{2}{5} = \frac{40}{100} = 40\ \%$$

Vastaus Lainan korko laski **a)** 2 prosenttiyksikköä, **b)** 40 prosenttia.

Esimerkki Henkilön kuukausipalkasta menee ennakkopidätyksenä veroihin 31 %. Nettopalkka (käteen jäävä palkan osa) on 2527 €. Määritä kuukausipalkka eli bruttopalkka.

Ratkaisu	bruttopalkka (€)	x	
	verojen osuus tästä	31 %	
	nettopalkan osuus	100 % – 31 % = 69 %	
	nettopalkka (€)	$0{,}69x$	← TEHTÄVÄN MUKAAN 2527

Muodostetaan yhtälö ja ratkaistaan se.

$$0{,}69x = 2527$$

$$x = \frac{2527}{0{,}69} = 3662{,}3188\ldots \approx 3662{,}32 \quad (€)$$

VASTAUS SENTIN TARKKUUDELLA

Vastaus Bruttopalkka on 3662,32 €.

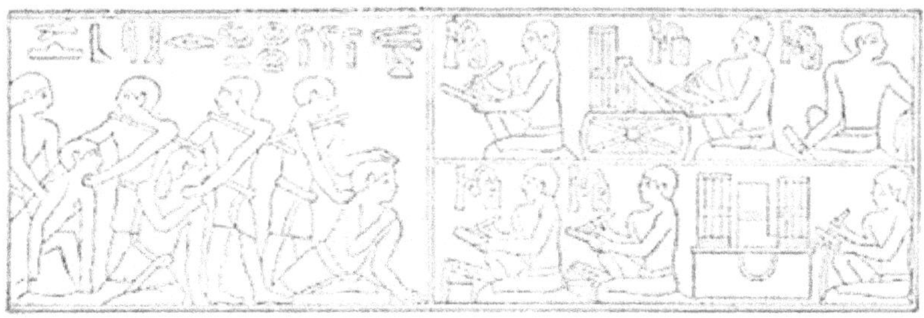

Verojen kantoa 3000 eaa.
LÄHDE: SMITH, HISTORY OF MATHEMATICS

Esimerkki Asunnonvälittäjä perii välityskuluja 4,2 % asunnon hinnasta, kuitenkin vähintään 3100 €. Asunto maksaa välityskuluineen 79 713 €. Laske asunnon hinta.

Pohdintaa Ajatuksena on, että halvasta asunnosta välittäjän palkkio on 3100 €. Tietystä rajasta lähtien palkkio lasketaan prosentteina ja silloin palkkio on suurempi.

Ratkaisu Kokeillaan hinnan muodostumista muutamilla asunnon hinnoilla.

Asunnon hinta	4,2 % hinnasta	välityskulut	hinta + välityskulut
70000 €	2940 €	3100 €	73100 €
72000 €	3024 €	3100 €	75100 €
74000 €	3108 €	3108 €	77108 €
76000 €	3192 €	3192 €	79192 € ♦
78000 €	3276 €	3276 €	81276 €

Asunnon hinta välityskuluineen määräytyy siis prosenttien mukaan. Lasketaan asunnon hinta x.

$$1{,}042x = 79713$$

$$x = \frac{79713}{1{,}042} = 76500$$

Vastaus Asunnon hinta on 76 500 €.

Esimerkki Viljaerä kelpaa myyntiin, kun sen kosteus on 14 %. Viljaerä painaa 2500 kg ja sen kosteus on 28 %. Kuinka paljon painaa tämä erä myyntikelpoiseksi kuivattuna?

Ratkaisu Olkoon viljaerän paino (kg) myyntikelpoiseksi kuivattuna x.

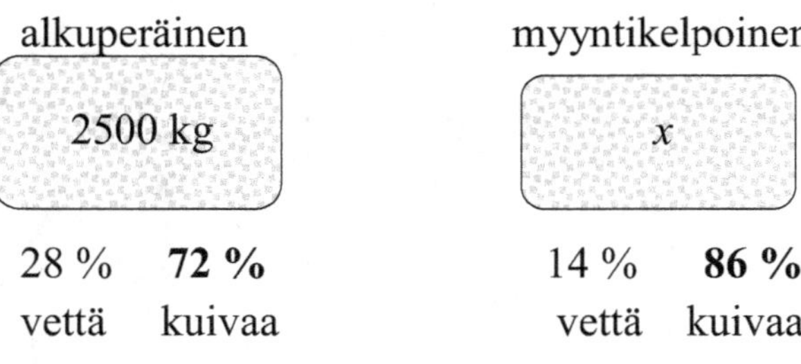

RATKAISUN IDEA: Alkuperäisessä viljaerässä on kuivaa yhtä paljon kuin myyntikelpoisessa erässä on kuivaa.

$$0{,}86x = 0{,}72 \cdot 2500$$

$$x = \frac{0{,}72 \cdot 2500}{0{,}86} = 2093{,}023\ldots \approx 2100 \text{ (kg)}$$

Vastaus Viljaerä painaa myyntiin kuivattuna 2100 kg.

Perättäiset muutokset

Koulussa on 400 opiskelijaa. Määrä kasvaa eräänä vuotena 12 %, laskee seuraavana vuotena 15 % ja kasvaa seuraavana vuotena 25 %. Kukin muutos kohdistuu **edellisenä vuotena** olleeseen opiskelijamäärään. Kolmen vuoden jälkeinen opiskelijamäärä ja kokonaismuutos lasketaan seuraavasti.

muutos		muutoskerroin
+12 %	→	1,12
−15 %	→	0,85
+25 %	→	1,25

opiskelijoita kolmen vuoden jälkeen

$$1{,}12 \cdot 0{,}85 \cdot 1{,}25 \cdot 400 = \underbrace{1{,}\mathbf{19}}_{\text{kokonaismuutoksen kerroin}} \cdot 400 = 476 \quad \rightarrow \quad \underbrace{+\mathbf{19}\ \%}_{\text{opiskelijamäärän kasvu}}$$

Eksponentiaalinen muutos

Jos muutoskertoimet pysyvät samoina, kutsutaan muutosta eksponentiaaliseksi. Muutoskertoimien tulo voidaan tällöin merkitä potenssina. Eksponentiksi tulee muutosten lukumäärä.

Harkinnan mukaan sääntö yleistyy, jolloin eksponentti voi olla murtoluku ja jopa negatiivinen luku (kun mennään ajassa taaksepäin).

Koulussa on 400 opiskelijaa. Jos määrä kasvaa vuosittain 5 %, määrä on t vuoden kuluttua

$1{,}05^t \cdot 400$ **eksponentiaalinen kasvu**

Jos oppilasmäärä vähenee vuosittain 5 %, oppilasmäärä on t vuoden kuluttua

$0{,}95^t \cdot 400$ **eksponentiaalinen väheneminen**

Huomautus

Lukua 1,05 on yllä kutsuttu **muutoskertoimeksi**. Käsitteen muita nimityksiä ovat **kasvukerroin**, **prosenttikerroin**, **kasvutekijä** ja erityisesti pankkilaskuissa **korkotekijä**. Vastaavia nimityksiä käytetään myös ykköstä pienemmästä kantaluvusta, esimerkiksi luvusta 0,95.

Eksponentin ratkaiseminen

$7^x = 2$

$\lg 7^x = \lg 2$ ← LOGARITMI PUOLITTAIN

$x \cdot \lg 7 = \lg 2$ ← LOGARITMIN LASKUKAAVA, MAOL s. 19

$x = \dfrac{\lg 2}{\lg 7} = 0{,}356\ldots$

Kantaluvun ratkaiseminen

$x^5 = 2$	$x^4 = 2$
$x = \sqrt[5]{2} \approx 1{,}148\ldots$	$x = \pm\sqrt[4]{2} \approx \pm 1{,}189\ldots$

Esimerkki Taloyhtiön vedenkulutus muuttui neljänä peräkkäisenä vuotena 12 %, 0 %, –15 % ja 25 %. Kuinka monella prosentilla vedenkulutus kasvoi nelivuotiskautena?

Ratkaisu Vedenkulutusta vastaavat muutoskertoimet:

+12 %	→	1,12
0 %	→	1,00
–15 %	→	0,85
+25 %	→	1,25

Olkoon alkuperäinen vedenkulutus *V*. Vedenkulutus on neljän vuoden jälkeen

$$1{,}12 \cdot 1{,}00 \cdot 0{,}85 \cdot 1{,}25 \cdot V = 1{,}\mathbf{19} \cdot V$$

VEDENKULUTUS KASVOI 19 %

Vastaus Vedenkulutus kasvoi 19 %.

Esimerkki Palkankorotus kasvattaa palkkoja aluksi 4 %. Vuoden kuluttua palkat suurenevat vielä 3 %. Millaiseksi muodostuu palkka, joka alun perin oli 4200 €?

Ratkaisu Korotuksia 4 % ja 3 % vastaavat kasvukertoimet ovat 1,04 ja 1,03. Uusi palkka (€) on

$$1{,}04 \cdot 1{,}03 \cdot 4200 = 4499{,}04$$

Vastaus Uusi palkka oli 4499,04 €

Esimerkki Tehtaan tuotanto kasvaa kolmena perättäisenä vuotena 8 %, 26 % ja 47 %. Kuinka suuri oli keskimääräinen vuotuinen kasvuprosentti?

Pohdintaa Kysytään vuotuista kasvuprosenttia, joka kolmena peräkkäisenä vuotena "aiheuttaisi" yhtä suuren kasvun kuin kasvuprosentit 8 %, 26 % ja 47 %.

Ratkaisu Olkoon tehtaan tuotanto *T*. Olkoon keskimääräistä vuotuista kasvuprosenttia vastaava kasvukerroin *x*. Tällöin

$$x \cdot x \cdot x \cdot T = 1{,}08 \cdot 1{,}26 \cdot 1{,}47 \cdot T \quad | : T$$

$$x^3 = 2{,}000376$$

$$x = \sqrt[3]{2{,}000376} = \mathbf{1{,}26}$$

KASVUPROSENTTI NÄKYY TÄSTÄ

Vastaus Keskimääräinen vuotuinen kasvuprosentti oli 26 %.

Esimerkki Bensiinin hinta kallistuu 6 %. Autoilija vähentää bensiininkulutustaan 5 %. Nousivatko vai laskivatko bensiinikulut?

Pohdintaa Bensiinikulut (euroa) muuttuvat samassa suhteessa kuin bensiinin kulutus (litraa). Kun kulutus laskee esimerkiksi 5 %, myös bensiinikulut laskevat 5 %.

Ratkaisu Olkoot bensiinikulut (€) alun perin *B*. Kulujen kallistumista 6 % vastaava muutoskerroin on 1,06. Kulujen vähennystä 5 % vastaa muutoskerroin 0,95. Uudet bensiinikulut ovat

$$1{,}06 \cdot 0{,}95 \cdot B = 1{,}007B$$ ← BENSIINIKULUT KASVAVAT 0,7 %

Vastaus Bensiinikulut kasvavat 0,7 %.

Esimerkki Auto maksaa uutena 38 000 €. Arvo laskee 20 % vuodessa. Laske arvo 10 vuoden kuluttua.

Ratkaisu Arvon lasku kohdistuu arvoon, joka autolla oli edellisen tarkasteluvuoden lopussa Koska arvo laskee 20 %, jää siitä jäljelle 80 %. Arvon lasku noudattaa siten eksponentiaalista mallia $0{,}80^t \cdot 38000$, missä *t* on aika vuosina. Auton arvo 10 vuoden kuluttua on

$$0{,}80^{10} \cdot 38000 = 4080{,}2189\ldots \approx 4000 \quad (€)$$

Vastaus Auton arvo on kymmenen vuoden kuluttua 4000 €.

Esimerkki Bakteeriviljelmä on kasvanut tunti tunnilta 4,0 %. Viljelmä painaa nyt 162 g. Kuinka paljon viljelmä painoi 24 tuntia sitten?

Ratkaisu Kasvua 4,0 % vastaa kasvukerroin 1,04. Kasvu noudattaa eksponentiaalista mallia $1{,}04^t \cdot 162$, missä *t* on aika tunteina. Viljelmä painoi 24 tuntia sitten

$$1{,}04^{-24} \cdot 162 = 63{,}199... \approx 63 \text{ (g)}$$

Vastaus Viljelmän painoi 63 g.

Esimerkki Luustotutkimuksissa käytetään radioaktiivista fluori-18-isotooppia. Se on epävakaa ja muuttuu jatkuvasti muiksi aineiksi eli *hajoaa* lähettäen samalla säteilyä ympäristöönsä. Hajoaminen tapahtuu eksponentiaalisesti ajan funktiona. Fyysikot ovat selvittäneet, että 31 % aineesta häviää tunnissa, jolloin siitä **jää jäljelle 69 %** tunnissa. Jos isotooppia on alun perin määrä *N*, sitä on *t* tunnin kuluttua jäljellä määrä $0{,}69^t \cdot N$.

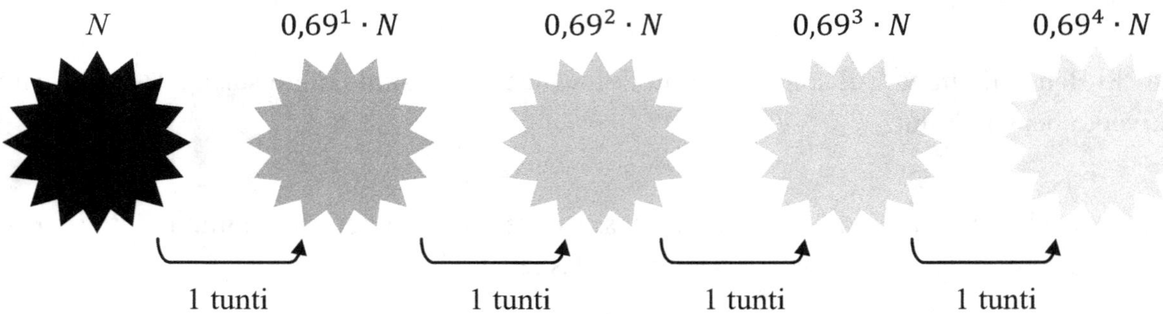

a) Kuinka monta prosenttia potilaalle annetusta isotoopista on jäljellä 12 h kuluttua tutkimuksesta?

b) Määritä isotoopin *puoliintumisaika* eli aika jonka kuluessa radioaktiivisuus vähenee 50 %.

Ratkaisu a) $0{,}69^{12} \cdot N = 0{,}0116 ... \cdot N \approx 0{,}012\, N$ → ISOTOOPISTA ON JÄLJELLÄ 1,2 %

b) $0{,}69^t \cdot N = 0{,}50 \cdot N$ JAETAAN PUOLITTAIN LUVULLA *N*

$0{,}69^t = 0{,}50$ LOGARITMI PUOLITTAIN

$\lg 0{,}69^t = \lg 0{,}50$ SOVELLETAAN POTENSSIN LOGARITMIN LASKUKAAVAA. MAOL s. 19

$t \cdot \lg 0{,}69 = \lg 0{,}50$

$$t = \frac{\lg 0{,}50}{\lg 0{,}69} = 1{,}868 ... \approx 1{,}87 \text{ (h)}$$

Vastaus a) Isotoopista on jäljellä 1,2 %. **b)** Isotoopin puoliintumisaika on 1,87 tuntia.

Harjoituksia

19^A. Matkapuhelin maksaa 200 €. Tarjouksessa hintaa alennetaan 30 %. Laske alennuksen suuruus ja alennettu hinta.

20^A. Etikkaa ja vettä sekoitetaan suhteessa 1 : 4. Määritä muodostuvan liuoksen etikkapitoisuus prosentteina.

21^A. Taulun hinta kasvaa 200 eurosta 250 euroon, mutta laskee myöhemmin takaisin 200 euroon. Ilmoita muutokset prosentteina.

22^A. Valkokulta voi olla kullan (75 %) ja platinan (25 %) seos. Kuinka paljon kumpaakin ainetta tarvitaan 200 g valkokultaerän valmistukseen.

23^A. Ryhmässä A on 25 oppilasta ja heistä 9 harrastaa hiihtoa. Ryhmässä B on 20 oppilasta ja heistä 7 harrastaa hiihtoa. Kummassa ryhmässä on suhteellisesti enemmän hiihdon harrastajia?

24. *Robert "Bob" Beamon* voitti Meksikon olympiakisojen 1968 pituushypyn uudella ME-tuloksella 890 cm. Entinen ennätys oli 835 cm. Kuinka monta prosenttia ennätys parani?

25. Kolme opiskelijaa on vuokrannut "kimppakämpän", johon kuuluu eteinen, keittiö ja kolme huonetta. Kukin asuu omassa huoneessaan, mutta eteinen ja keittiö ovat yhteisessä käytössä. Opiskelijat ovat sopineet, että he maksavat vuokraa huoneidensa pinta-alojen suhteessa. Kuinka monta prosenttia kukin maksaa vuokrasta, kun huoneiden koot ovat 21 m^2, 15 m^2 ja 12,5 m^2?

26^A. Virvoitusjuomaa myydään $\frac{1}{2}$ litran ja $\frac{1}{3}$ litran pulloissa. **a)** Kuinka paljon enemmän juomaa on suuremmassa pullossa? **b)** Kuinka monta prosenttia enemmän juomaa on suuremmassa pullossa?

27. Liike myy koko varaston 40 prosentin alennuksella. Loppurysäyksessä annetaan vielä alennetuistakin hinnoista 20 prosenttia alennusta. Laske alun perin 540 € maksaneen tuotteen hinta alennusten jälkeen.

28. Kuinka paljon valtion tuloveroa joutuu henkilö maksamaan vuonna 2017, kun hänen verotettava ansiotulonsa on 36 455 €? Valtion tulovero peritään seuraavan asteikon mukaan.

Valtion tuloveroasteikko 2017

Verotettava ansiotulo, euroa	Vero alarajan kohdalla, euroa	Vero alarajan ylittävästä tulon osasta, %
16 900 – 25 300	8	6,25
25 300 – 41 200	533,00	17,5
41 200 – 73 100	3 315,50	21,5
73 100 –	10 174,00	31,5

Ohje: Selvitä ensin ensimmäisestä sarakkeesta mihin väliin ansiotulot asettuvat. Katso veron suuruus tämän välin alarajan kohdalla. Selvitä sitten kuinka monella eurolla ansiotulot ylittävät alarajan. Tästä osasta menee vero kolmannen sarakkeen ilmoittaman prosentin mukaan.

29. Yhdistyksen jäsenmaksua nostetaan 20 %, jolloin 10 % jäsenistä eroaa yhdistyksestä. Kuinka monta prosenttia yhdistyksen jäsenmaksutulot kasvavat tai vähenevät?

30. Alueen väkiluku muuttui perättäisinä vuosina +4 %, +10 %, +2 % ja –3 %. Määritä asukasluku näiden muutosten jälkeen, kun se alun perin oli 2200.

31. Yritys on hankkinut 134 300 € maksavan koneen. Yritys vähentää kirjanpidossaan koneen arvosta 15 % vuosittain. Laske koneen kirjanpitoarvo viiden vuoden kuluttua.

32. Metsikön puumäärä on kasvanut kolmen vuoden aikana 2000 kuutiometristä 2300 kuutiometriin. Kuinka monta prosenttia puumäärä on kasvanut keskimäärin vuodessa olettaen, että kasvu on ollut eksponentiaalista?

33. Henkilö tallettaa vuoden alussa pankkiin 2000 € tilille, josta maksetaan 1,5 % korko. Korosta vähennetään 30 prosentin vero, ja loput lisätään pääomaan. Näin menetellään neljän vuoden ajan. Kuinka suureksi talletus kasvaa?

34. Helsingissä oli 40000 asukasta vuonna 1878. Milloin on siellä 1 miljoona asukasta, jos väen lisääntyminen otaksutaan olevan 2½ % vuodessa? LÄHDE: YLIOPPILASKOE 1878

35. Selkärankaisten eläinten lukumäärä on vähentynyt vuosina 1970-2012 eksponentiaalisesti vuosittain noin 2 %. Jos kehitys jatkuisi samanlaisena, kuinka pitkässä ajassa selkärankaisista eläimistä olisi jäljellä enää puolet nykyisestä määrästä? Tarkastelussa olivat mukana nisäkkäät, kalat, linnut, matelijat ja sammakkoeläimet. LÄHDE: WWF LIVING PLANET -RAPORTTI

36. Järven vesikerroksen läpi pyrkivän valon voimakkuus pienenee eksponentiaalisesti vesikerroksen paksuuden funktiona. Yhden desimetrin paksuinen vesikerros päästää lävitseen 85 % valosta. Laske valaistuksen voimakkuus 9 dm syvyydessä, kun se järven pinnalla on 400 lx. Kuinka syvällä valaistus on 30 lx?

Ohje:

E lx

x dm

$0{,}85^x \cdot E$ lx

Jos valaistuksen voimakkuus on veden pinnalla E luksia, se on x desimetrin syvyydellä $0{,}85^x \cdot E$ luksia.

37. Lääketieteessä käytetään teknetium-99m-isotooppia. Sen lähettämän säteilyn voimakkuus vähenee lihaskudoksessa eksponentiaalisesti lihaskudoksen paksuuden funktiona siten, että 1 cm paksu lihaskudos läpäisee noin 87 % säteilystä. Kuinka paksu lihaskudos puolittaa säteilyn voimakkuuden?

Ohje: Vertaa edelliseen tehtävään. Jos säteilyn voimakkuus ennen lihaskudosta on I, on voimakkuus x cm paksun lihaskudoksen jälkeen $0{,}87^x \cdot I$. Tehtävässä kysytään, millä x:n arvolla tämä on $0{,}50I$.

38. *Tšernobylin* ydinvoimalaonnettomuudessa ympäristöön pääsi cesium-137 -isotooppia. 26,4 kg. Isotoopin puoliintumisaika on noin 30 vuotta. Kuinka paljon isotooppia on ympäristössä 26.4.2021, jolloin onnettomuudesta tulee kuluneeksi 35 vuotta?

Huomaa viereinen diagrammi. →

Radiohiiliajoitus

Eläimet ja kasvit saavat eläessään elimistöönsä ilman hiilidioksidiin sitoutunutta *radiohiiltä*. Kun eliö kuolee, sen soluissa oleva radiohiili alkaa hajota eksponentiaalisen mallin mukaan. Kuolleeseen organismiin ei tule uutta radiohiiltä, joten organismin ikä voidaan arvioida jäljellä olevan radiohiilen osuuden perusteella. Radiohiilen puoliintumisaika on noin 5730 vuotta. Tässä ajassa siis radiohiilestä häviää 50 %.

39. *Torinon käärinliina* on kuuluisa pyhäinjäännös. Se on vanha pellavainen vaate, johon on painautunut vainajan negatiivikuva. Käärinliinan ikää arvioitiin radiohiilimenetelmällä. Käärinliinan reunasta otetussa palassa oli radiohiiltä jäljellä 92 %. Arvioi tämän perusteella palasen ikä. (Myöhemmin huomattiin, että pala on peräisin keskiajalla ommellusta käärinliinan paikasta.)

Ohje: Olkoon N radiohiilen määrä alun perin. Ratkaise yhtälö $0{,}50^t \cdot N = 0{,}92N$, missä t on aika, jonka yksikkö on radiohiilen puoliintumisaika 5730 vuotta. Muunna aika vuosiksi kertomalla se 5730:llä.

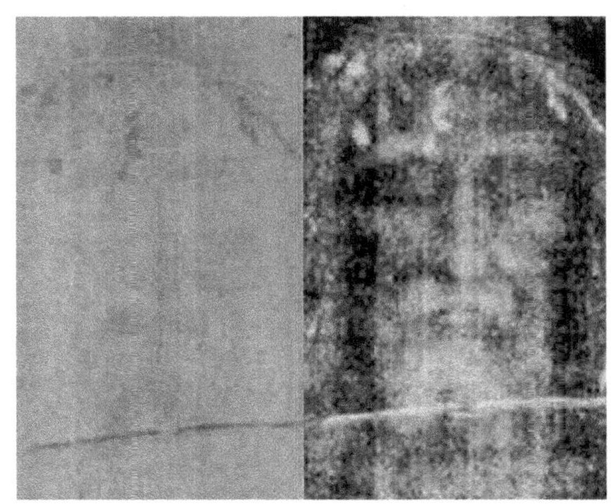

Osa Torinon käärinliinaa.
Secondo Pia, 1898.
LÄHDE: WIKIPEDIA

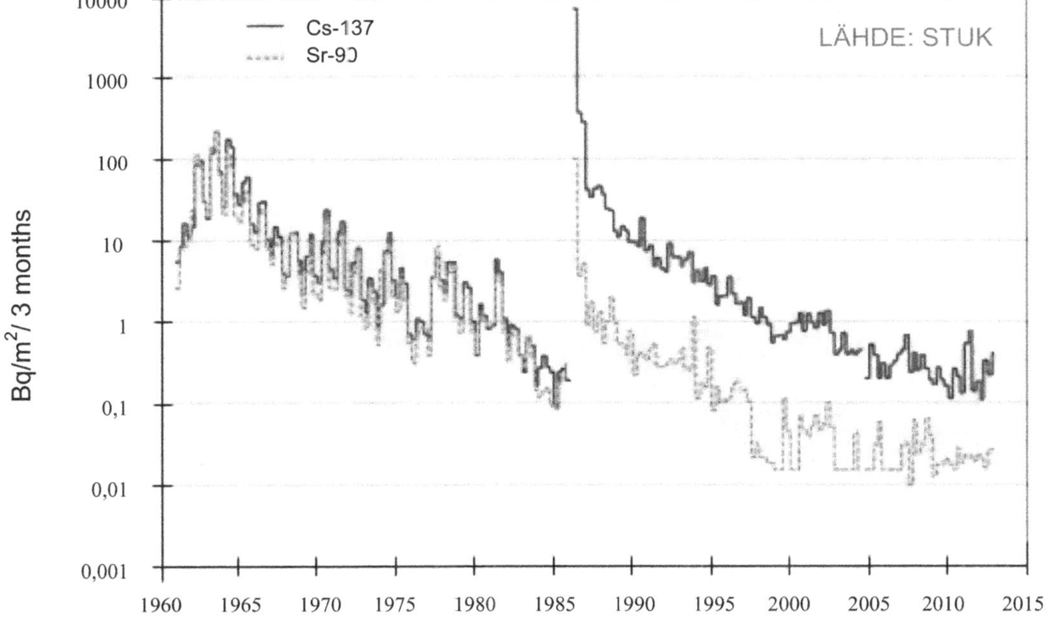

Huomaa pystyakselin **logaritminen asteikko.**

3. Perusalgebraa

REAALILUVUT eli LUVUT
Lukusuoran luvut.
Voidaan esittää desimaalilukuina.

RATIONAALILUVUT
Murtoluvut $\frac{a}{b}$, missä a ja b ovat kokonaislukuja, $b \neq 0$.

MAOL s. 17

IRRATIONAALILUVUT
Muut reaaliluvut.
Voidaan esittää päättymättöminä jaksottomina desimaalilukuina.

Potenssit ja juuret

MAOL s. 15 - 16

$a^0 = 1$ — Kantaluku a ei saa olla nolla. Esimerkiksi (oma ikäsi)$^0 = 1$.

$a^2 = aa$ — "a potenssiin kaksi", "luvun a neliö"
Neliön pinta-ala, kun sivun pituus on a.

$a^3 = aaa$ — "a potenssiin kolme", "luvun a kuutio"
Kuution tilavuus, kun särmän pituus on a.

$a^{-3} = \frac{1}{a^3}$ — "a potenssiin -3"

$\left(\frac{a}{b}\right)^{-3} = \left(\frac{b}{a}\right)^3$ — Luvut a ja b eivät saa olla nollia.

$\sqrt{a}$ — Luvun a neliöjuuri, $a \geq 0$.
Potenssimerkintänä $a^{\frac{1}{2}}$.
Luku, joka korotettuna potenssiin kaksi antaa tuloksen a.
Neliön sivun pituus, kun neliön ala on a.

$\sqrt[3]{a}$ — Luvun a kuutiojuuri.
Potenssimerkintänä $a^{\frac{1}{3}}$.
Luku, joka korotettuna potenssiin kolme antaa tuloksen a.
Kuution särmän pituus, kun kuution tilavuus on a.

Sieventäminen

$\frac{10}{15} = \frac{2 \cdot 5}{3 \cdot 5} = \frac{2}{3}$	supistettu luvulla 5
$\frac{xa}{ya} = \frac{x}{y}$	supistettu luvulla a
$\frac{x+a}{y+a}$	ei supistu
$\frac{2x^2}{3x^3} = \frac{2xx}{3xxx} = \frac{2}{3x}$	supistettu luvulla xx eli x^2
$4x + 5x = 9x$	yhdistetty termit
$4x - 5x = -x$	yhdistetty termit
$4x + 5$	ei sievene
$x^{-2} \cdot x^5 = x^3$	samankantaisten potenssien kertosääntö
$2x^2 + 3x = x(2x + 3)$	otettu x ”eteen” yhteiseksi tekijäksi
$\frac{x^2+2x}{x^2+3x} = \frac{x(x+2)}{x(x+3)} = \frac{x+2}{x+3}$	otettu x ”eteen” ja supistettu x
$(\sqrt{x})^2 = x$	neliöjuuren määritelmä
$\sqrt{x} \cdot \sqrt{x} = x$	edellinen toisella tavalla

$(\sqrt{x})^3 = \sqrt{x} \cdot \sqrt{x} \cdot \sqrt{x} = x\sqrt{x}$

$\sqrt{x^2y^2} = xy$	pätee, kun $xy \geq 0$
$\sqrt{x^2+y^2}$	ei sievene

$$\left.\begin{array}{l} |3| = 3 \\ |0| = 0 \\ |-3| = 3 \end{array}\right\}$$

itseisarvo MAOL s. 15

Esimerkki Muovailuvahasta on muotoiltu kuutio, jonka särmän pituus on 6 cm. Onko siitä mahdollista leipoa kolme kuutiota, joiden särmät ovat 3 cm, 4 cm ja 5 cm?

Ratkaisu Tutkitaan, onko pienempien kuutioiden tilavuuksien summa = suuren kuution tilavuus.

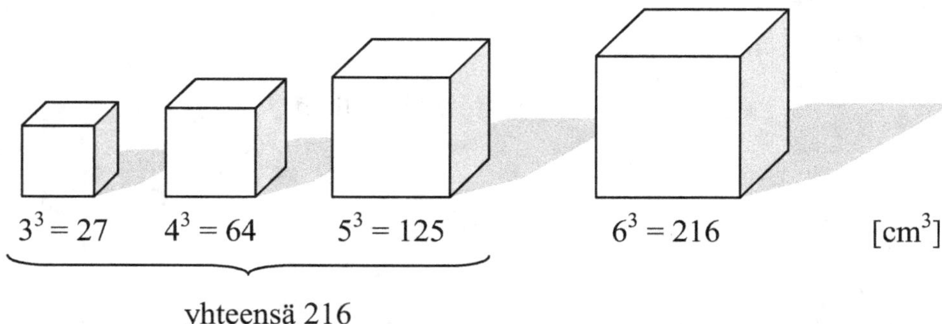

Vastaus Tilavuudet täsmäävät, joten vastaus on myönteinen.

Esimerkki[A] Arvioi lukua 2^{30} lähtemällä arviosta $2^{10} \approx 1000$.

Ratkaisu $2^{30} = 2^{10} \cdot 2^{10} \cdot 2^{10} \approx 1000 \cdot 1000 \cdot 1000 = 1\,000\,000\,000$ (= miljardi).

Vastaus $2^{30} \approx 1\,000\,000\,000$

Esimerkki[A] Ilmoita jokin geometrinen sovellus merkinnälle $\sqrt[3]{64}$. Laske merkinnän arvo.

Ratkaisu Merkintä $\sqrt[3]{64}$ esittää kuution särmää, kun kuution tilavuus on 64.

$$\sqrt[3]{64} = 4, \text{ sillä } 4^3 = 4 \cdot 4 \cdot 4 = 64$$

Vastaus Kuution tilavuus on 64. Tällöin sen särmä on $\sqrt[3]{64} = 4$.

Esimerkki[A] Kumpi luvuista $\sqrt{7}$ vai $\frac{5}{2}$ on suurempi?

Pohdintaa Neliöjuuri tekee ensimmäisestä luvuista ”hankalan”. Luvut ovat positiivisia, joten vaikeus voitetaan vertaamalla lukujen neliöitä eli lukuja korotettuna potenssiin kaksi.

Ratkaisu *Positiivisten lukujen suuruusjärjestys on sama kuin niiden neliöiden suuruusjärjestys.*

$$\left(\sqrt{7}\right)^2 = 7$$

$$\left(\frac{5}{2}\right)^2 = \frac{25}{4} = 6\frac{1}{4} \quad \text{(pienempi kuin 7)}$$

Vastaus Luku $\sqrt{7}$ on suurempi kuin luku $\frac{5}{2}$.

Esimerkki[A] Osoita, että $\frac{\sqrt{10}}{5} = \frac{2}{\sqrt{10}}$.

Ratkaisu *Verrannon päteminen voidaan testata "kertomalla ristiin". Jos se johtaa tosi yhtälöön, verranto on tosi, muutoin epätosi.* Tässä tapauksessa saadaan verrannosta ristiin kertomalla yhtälö

$$\sqrt{10} \cdot \sqrt{10} = 2 \cdot 5.$$

Tämä yhtälö on tosi, sillä sen vasen puoli on 10 ja oikea puoli 10. Verranto $\frac{\sqrt{10}}{5} = \frac{2}{\sqrt{10}}$ on tosi. ■

Esimerkki[A] Sievennä seuraavat lausekkeet (mikäli mahdollista):

a) $12x - 3x + 5$ **b)** $\frac{x^2+x}{3x}$ **c)** $\sqrt{9 + a^2}$ **d)** $\sqrt{9a^2}$, kun a on positiivinen **e)** $|-3| - 3$.

Ratkaisu **a)** $12x - 3x + 5 = 9x + 5$ YHDISTETTY TERMEJÄ

b) $\frac{x^2+x}{3x} = \frac{x(x+1)}{3x} = \frac{x+1}{3}$ OTETTU x "ETEEN" JA SUPISTETTU x:LLÄ

c) ei sievene

d) $\sqrt{9a^2} = 3a$, sillä $3a$ on positiivinen ja $(3a)^2 = 9a^2$

e) $|-3| - 3 = 3 - 3 = 0$

Vastaus **a)** $9x + 5$ **b)** $\frac{x+1}{3}$ **c)** ei sievene **d)** $3a$ e) 0.

Esimerkki[A] Oletetaan, että luku a pienempi kuin luku b. Osoita että luku $a + 3b$ on suurempi kuin luku $2a + 2b$.

Ratkaisu Muodostetaan lukujen erotus.

$$(a + 3b) - (2a + 2b) = a + 3b - 2a - 2b$$

$$= b - a$$

Oletuksen mukaan a on pienempi kuin b, joten erotus $(a + 3b) - (2a + 2b)$ on positiivinen. Siten luku $a + 3b$ on suurempi kuin luku $2a + 2b$. ■

Esimerkki[A] Suoran ympyräpohjaisen lieriön sisällä on pallo. Pallon säde on yhtä suuri kuin lieriön pohjaympyrän säde ja pallon halkaisija on yhtä suuri kuin lieriön korkeus. Määritä pallon ja lieriön tilavuuksien suhde. MAOL s. 27 – 28

Ratkaisu Olkoon pallon säde r, jolloin lieriön pohjaympyrän säde = r ja lieriön korkeus = $2r$.

pallon tilavuus = $\frac{4}{3}\pi r^3$

lieriön tilavuus = (pohjan ala) · (korkeus) $= \pi r^2 \cdot 2r = 2\pi r^3$

$$\frac{\text{pallon tilavuus}}{\text{lieriön tilavuus}} = \frac{\frac{4}{3}\pi r^3}{2\pi r^3} = \frac{\frac{4}{3}}{2} = \frac{4}{3}\cdot\frac{1}{2} = \frac{4}{6} = \frac{2}{3}$$

Vastaus Tilavuuksien suhde on $\frac{2}{3}$ eli toisin merkittynä 2 : 3.

Esimerkki Talvi pakkasineen on tullut ja lampi alkaa jäätyä. Jään paksuus $h(t)$ (cm) riippuu ajasta t (vuorokautta jäätymisen alkamisesta) kaavan $h(t) = 2\sqrt{t}$ mukaan. Kuinka paljon jää kasvoi kuudentena vuorokautena?

Ratkaisu Perushavainto on, että jään paksuus *kasvaa* ajan t kasvaessa. ”Kuudes vuorokausi” tarkoittaa aikaväliä $5 \leq t \leq 6$.

$$\left.\begin{aligned} h(5) &= 2\sqrt{5} \\ h(6) &= 2\sqrt{6} \end{aligned}\right\} \text{ kasvu } 2\sqrt{6} - 2\sqrt{5} = 0{,}4268\ldots \approx 0{,}4 \text{ (cm)}$$

Vastaus 0,4 cm

Esimerkki A4-kokoisen paperiarkin sivujen suhde on $\sqrt{2} : 1$. Arkki leikataan keskeltä lyhyemmän sivun suuntaisesti. Tällöin muodostuu kaksi A5-kokoista paperiarkkia. Osoita, että niissäkin sivujen suhde on $\sqrt{2} : 1$.

Ratkaisu *Lavennetaan aluksi* suhde $\sqrt{2} : 1$ luvulla $\sqrt{2}$:

$$\sqrt{2} : 1 = \sqrt{2}\sqrt{2} : \sqrt{2} = 2 : \sqrt{2}$$

Tällöin A5-arkin sivujen suhde on $\sqrt{2} : 1$. ■

Tämä on siis A4 arkin sivujen suhde. ”Unohda” tehtävänannossa annettu sivujen suhde.

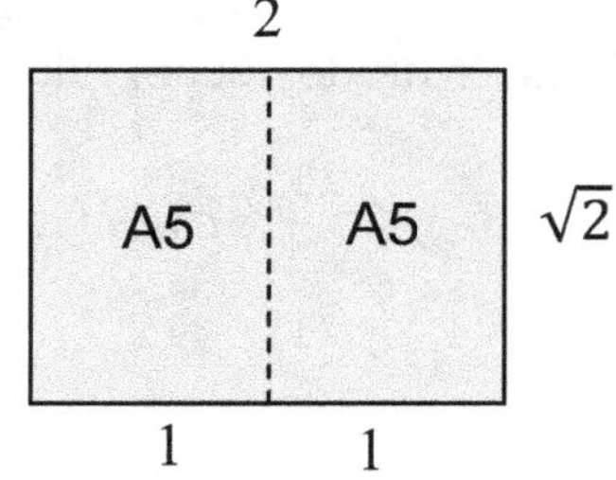

Luvut ovat *suhdelukuja*

Vastaluku ja käänteisluku

Kahta lukua sanotaan toistensa **vastaluvuiksi**, jos niiden summa on 0.

- Luvun a vastaluku on $-a$.
- Luvun $a-b$ vastaluku on $-(a-b)=-a+b=b-a$.

Kahta lukua sanotaan toistensa **käänteisluvuiksi**, jos niiden tulo on 1.

- Nollasta eriävän luvun a käänteisluku on $\frac{1}{a}$.
- Luvun $\frac{a}{b}$ käänteisluku $\frac{b}{a}$. Tällöin edellytetään, että $a \neq 0 \; ja \; b \neq 0$.

Esimerkki[A] Määritä polynomin $2x^3-3x^2-5$ vastapolynomi.

Ratkaisu Vastapolynomi saadaan vaihtamalla jokaisen termin etumerkki. Vastapolynomi on

$$-2x^3+3x^2+5$$

Vastaus Vastapolynomi on $-2x^3+3x^2-5$.

Esimerkki[A] Osoita, että luvut $\frac{\sqrt{6}}{3}$ ja $\frac{\sqrt{6}}{2}$ ovat toistensa käänteislukuja.

Ratkaisu Lukujen tulo on

$$\frac{\sqrt{6}}{3}\cdot\frac{\sqrt{6}}{2}=\frac{\sqrt{6}\cdot\sqrt{6}}{3\cdot 2}=\frac{6}{6}=1,$$

joten luvut ovat toistensa käänteislukuja. ■

Esimerkki[A] Anna esimerkki toisen asteen polynomista $P(x)$, jolle kaikilla x:llä pätee $P(-x)=P(x)$.

Ratkaisu Vaaditun ehdon täyttää esimerkiksi polynomi $P(x)=x^2$, sillä sen asteluku on 2 ja

$$P(-x)=(-x)^2=x^2=P(x).$$

Harjoituksia

40^A^. Laske lukujen 6 ja –2 **a)** summa, **b)** erotus, **c)** tulo, **d)** osamäärä.

41^A^. Olkoon $f(x) = 2x^2 - x$. Laske $f(-1)$.

42^A^. Celsiusasteet muutetaan fahrenheitasteiksi kaavan

$F = 1{,}8C + 32$

avulla. Kaavassa C tarkoittaa celsiusasteita ja F fahrenheitasteita. Muunna fahrenheitasteiksi 100 °C.

43^A^. Laske $\left(\frac{1}{2}\right)^{-1} + \left(\frac{1}{2}\right)^{-2}$.

44^A^. Kumpi luvuista $2x + 2$ ja $x + 3$ on suurempi, kun $x > 1$? *Ohje*: Tutki lukujen erotusta.

45^A^. Minkä kahden peräkkäisen kokonaisluvun välissä on $\sqrt{60}$?

46^A^. Sievennä lauseke $\frac{3}{\sqrt{3}}$ muotoon, jossa nimittäjässä ei ole neliöjuurta.

Ilmansuunnat ja väli-ilmansuunnat

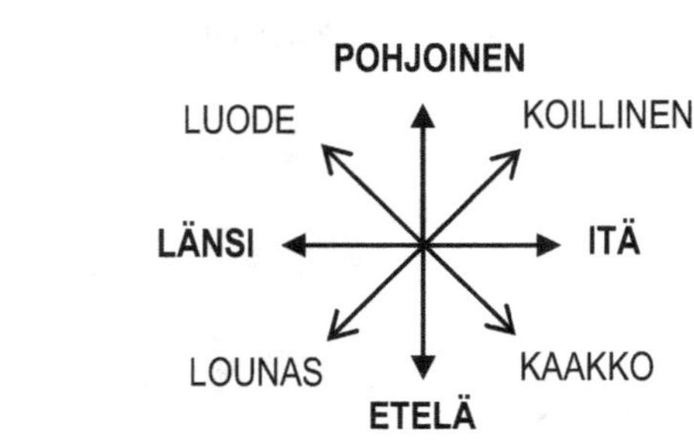

VÄLI-ILMANSUUNTIEN MUISTISÄÄNTÖ
L-alkuiset **L**ännen **L**ähellä
"syötävät" alhaalla

47^A^. Laiva purjehtii satamasta ensin 3 mpk luoteeseen ja sitten 4 mpk koilliseen. Kuinka kauas satamasta se on tullut?

Merellä

Matka mpk = meripeninkulma
Nopeus solmu = mpk/tunti
MAOL s. 68

48^A^. Osoita, että luvut $\sqrt{2} + 1$ ja $\sqrt{2} - 1$ ovat toistensa käänteislukuja.

Ohje: Laske lukujen tulo kertomalla termeittäin. Vastaukseksi pitäisi tulla 1.

49. Nisäkkään pulssi f (lyöntiä/min) on yhteydessä eläimen massaan m (kg) kaavan $f \approx 240m^{-0{,}25}$ mukaan. Arvioi hiiren (30 g) ja hevosen 500 (kg) pulssi.

50^A^. Todista että luku $k^2 + k$ on parillinen olipa k mikä tahansa kokonaisluku.

Ohje: Jaa annettu lauseke tekijöihin ottamalla k yhteiseksi tekijäksi. Mitä voit sanoa kahdesta peräkkäisestä kokonaisluvusta?

51^A^. Sievennä lauseke $\frac{|a|+a}{2}$, kun **a)** $a \geq 0$, **b)** $a < 0$. MAOL s. 15

Kymmenpotenssimuoto eli eksponenttimuoto

Suuret luvut esitetään usein kymmenpotenssimuodossa. Esimerkiksi koko maailman sähkövoiman tuotanto (kWh) vuonna 2012 oli

$22\,600\,000\,000\,000 = 2{,}26 \cdot 10^{13}$ → laskimen näytöllä **2.26E+13** tai vastaava

"PILKKU 13 NUMEROA OIKEALLE"

Pienet positiiviset luvut esitetään vastaavasti. Esimerkiksi viruksen pituus (mm) voi olla

$0{,}0000015 = 1{,}5 \cdot 10^{-6}$ → laskimen näytöllä **1.5E-06** tai vastaava

"PILKKU 6 NUMEROA VASEMMALLE"

Harjoittele taulukon avulla peittämällä aluksi oikeanpuoleinen sarake.

Laskimen näyttö	tarkoittaa lukua	eli lukua
7E+09	$7 \cdot 10^{9}$	7 000 000 000
7.6E+09	$7{,}6 \cdot 10^{9}$	7 600 000 000
7E-06	$7 \cdot 10^{-6}$	0,000007
7.6E-06	$7{,}6 \cdot 10^{-6}$	0,0000076

Onko luku $2{,}5 \cdot 10^{-6}$ vaikea hahmottaa? Lisää lukuun väliaikainen 1. Kas näin: $2{,}5 \cdot 10^{-6} + 1$. Näytölle ilmaantuu 1,0000025. Unohda sitten alussa oleva ykkönen, jolloin siis $2{,}5 \cdot 10^{-6} = 0{,}0000025$. Niksi toimii vain tiettyyn rajaan asti.

Kumpi luvuista $a = -2{,}4 \cdot 10^{-5}$ ja $b = -12 \cdot 10^{-6}$ on suurempi? Jos tämäntapaisten merkintöjen hahmottaminen on vaikeaa (kuten tämän kirjoittajalle), voit verrata lukuja erotuksen avulla. Muista sulut ja etumerkit!

$$a - b = (-2{,}4 \cdot 10^{-5}) - (-12 \cdot 10^{-6}) = -1{,}2 \cdot 10^{-5}$$ (laskimessa -1.2E-05)

Erotus on negatiivinen, joten b on suurempi kuin a.

53. Eräs kuuluisimmista fysiikan kaavoista on

$E = mc^2$,

missä *E* on kokonaisenergia (J), joka on sitoutunut aineeseen, jonka massa on *m* (kg). Kaavassa *c* on valon nopeus, $c = 3 \cdot 10^8$ m/s.

Kuinka paljon energiaa (PJ) on voileivässä, jonka massa on 100 g?

Ohje: 1PJ = $1 \cdot 10^{15}$J, MAOL s. 65.

54. Kun tähti kutistuu riittävän pieneksi, siitä tulee *musta aukko*. Näin tapahtuu, kun tähden säde (m) on alle

$1{,}5 \cdot 10^{-27} \cdot M$,

missä *M* on kappaleen massa kilogrammoina. Kuinka pieneksi Auringon täytyisi kutistua, jotta siitä tulisi musta aukko? Auringon massa on noin $2 \cdot 10^{30}$ kg.

55. *Andromedan* galaksi, joka näkyy paljain silmin, on 24 000 000 000 000 000 000 kilometrin etäisyydellä. Kuinka kauan sitten nyt näkyvä valo lähti galaksilta? Valon nopeus on 300 000 km/s. Ilmoita vastaus vuosina.

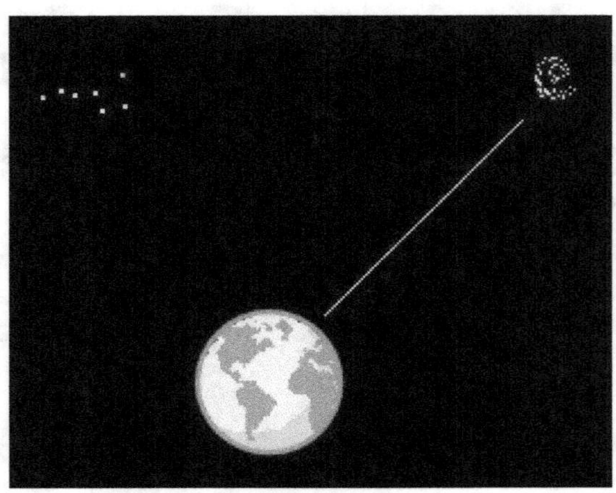

Otava, Maa ja Andromeda.

56. Maan valtamerissä arvioidaan olevan $1{,}4 \cdot 10^{18}$ m^3 vettä. Kuinka paljon vettä on yhtä ihmistä kohti, kun maapallon väkiluku on $7{,}6 \cdot 10^9$? Tässä Maapallon väkiluvuksi on ilmoitettu vuoden 2020 ennuste.

57. Laske laskinta apuna käyttäen lausekkeen $x^3 + x^2 - 15x + 1$ arvo, kun $x = \frac{\sqrt{61}-1}{2}$.

Ohje: Näppäile laskimeen

$\frac{\sqrt{61}-1}{2}$ [EXE]

[Ans]^3+[Ans]^2−15 [×] [Ans] + 1 [EXE]

[EXE]:n tilalla voi olla [ENTER] tai vastaava.

58. Täydennä ruudukko luvuilla 1, 2, 4, 5, 6, 7 ja 9 siten, että muodostuu *taikaneliö*. Etsi kaikki ratkaisut.

8	3	

Taikaneliössä jokaisessa ruudussa on jokin luvuista 1, 2, 3, 4, 5, 6, 7, 8, 9. Sama luku ei esiinny kahta kertaa. Jokaisen vaakarivin, jokaisen pystyrivin ja molempien lävistäjärievien lukujen summa on sama luku, *taikavakio*.

Ohje: Määritä aluksi taikavakio. Jatka laskemalla ylärivin puuttuva luku. Yritä sitten sijoittaa luku 9 ruudukkoon.

4. Yhtälöitä

Ratkaistavaksi tarkoitettu yhtälö on kysymys. Kysytään yhtälön *juuria* eli lukuja jotka sijoitettuna tuntemattoman paikalle tekevät yhtälön todeksi.

Yhtälö ratkaistaan vaiheittain. Kaikki vaiheet ovat keskenään yhtäpitäviä. Viimeinen on niin yksinkertainen, että juuret ilmenevät välittömästi.

Lineaarinen yhtälö

$7x - 2 = 2x + 28$

$7x - 2x = 28 + 2$

$5x = 30$

$x = \frac{30}{5} = 6$

SIIRRETÄÄN TERMEJÄ YHTÄSUURUUSMERKIN PUOLELTA TOISELLE VAIHTAEN SAMALLA TERMIEN ETUMERKIT

Lineaarinen yhtälö

$7(2x - 2) = 3$

$14x - 14 = 3$

$14x = 3 + 14$

$14x = 17$

$x = \frac{17}{14}$

AVATAAN SULUT KERTOMALLA TERMEITTÄIN

Yksinkertainen jakoyhtälö

$\frac{x}{2} = 5$

$x = 2 \cdot 5$

$x = 10$

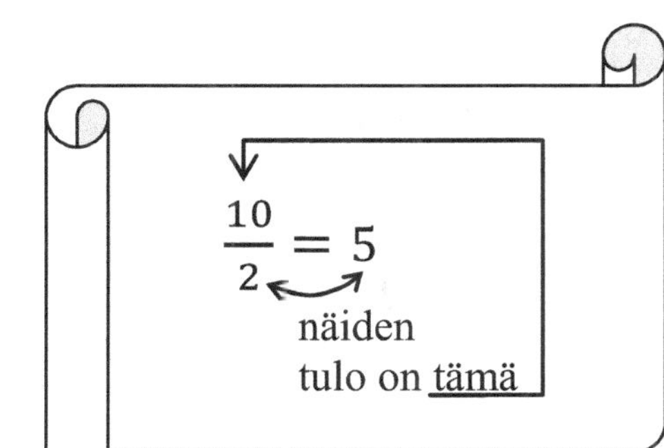

Verranto

$$\frac{x+1}{x+2} = \frac{x+4}{x+7}$$

KERROTAAN RISTIIN

$$(x+1)(x+7) = (x+2)(x+4)$$

$$\cancel{x^2} + 7x + x + 7 = \cancel{x^2} + 4x + 2x + 8$$

AVATAAN SULUT

$$7x + x - 4x - 2x = 8 - 7$$

SIRRETÄÄN JA YHDISTETÄÄN TERMEJÄ

$$2x = 1$$

$$x = \frac{1}{2}$$

YHTÄLÖSSÄ ON KAKSI NIMITTÄJIÄÄ, JOISSA x ON MUKANA! TÄMÄ **KELPAA** JUUREKSI, SILLÄ SE EI TEE KUMPAAKAANKAAN NIMITTÄJÄÄ NOLLAKSI.

Toisen asteen yhtälö

$$2x^2 - 3 = 7$$

ENSIMMÄISEN ASTEEN TERMI PUUTTUUU

$$2x^2 = 7 + 3$$

$$2x^2 = 10$$

$$x^2 = \frac{10}{2}$$

$$x^2 = 5$$

$$x = \pm\sqrt{5}$$

MUISTA TÄMÄ VAIHE ULKOA

Toisen asteen yhtälö

VAKIOTERMI PUUTTUU

$$2x^2 - 6x = 0$$

$$x(2x - 6) = 0$$

$x_1 = 0$ tai $2x - 6 = 0$

$x_2 = 3$

TULON NOLLASÄÄNTÖ

$ab = 0$

⇔

$a = 0$ TAI $b = 0$

Toisen asteen yhtälön ratkaisukaava

MAOL S. 18

$$ax^2 + bx + c = 0 \qquad (a \neq 0)$$

Diskriminantti $D = b^2 - 4ac$

Juuret $x = \frac{-b \pm \sqrt{D}}{2a}$

$D > 0$ Yhtälöllä on kaksi reaalijuurta.

$D = 0$ Yhtälöllä on yksi reaalijuuri, jota kutsutaan kaksoisjuureksi.

$D < 0$ Yhtälöllä ei ole reaalijuuria.

Täydellinen toisen asteen yhtälö

$$\mathbf{3}x^2 - \mathbf{2}x - \mathbf{5} = 0$$

SOVELLETAAN RATKAISUKAAVAA MAOL S. 22.

Kertoimet
$a = 3$
$b = -2$
$c = -5$

Diskriminantti $D = (-2)^2 - 4 \cdot 3 \cdot (-5) = 64$

Juuret $x = \frac{-(-2) \pm \sqrt{64}}{2 \cdot 3} = \frac{2 \pm 8}{6} = \begin{cases} \frac{10}{6} = \frac{5}{3} \\ \frac{-6}{6} = -1 \end{cases}$

Täydellinen toisen asteen yhtälö

$$\mathbf{3}x^2 - \mathbf{2}x + \mathbf{5} = 0$$

SOVELLETAAN RATKAISUKAAVAA MAOL S. 22.

Kertoimet
$a = 3$
$b = -2$
$c = 5$

Diskriminantti $D = (-2)^2 - 4 \cdot 3 \cdot 5 = -56$ on negatiivinen $\Rightarrow$ ei reaalijuuria

Esimerkki[A] Kun eräs luku kerrotaan 6:lla, saadaan sama tulos kuin jos lukuun lisätään 60. Mikä on tämä luku?

Pohdintaa Tehtävän ongelma pyritään kirjoittamaan matematiikan kielelle. Merkitään kysyttyä lukua kirjaimella x.

$$6x \quad = \quad x + 60$$

luku kerrottu 6:lla ↑ lukuun lisätty 60

sama tulos

Ratkaisu Merkitään kysyttyä lukua kirjaimella x. Tehtävänannon mukaan

$$6x = x + 60$$

$$6x - x = 60$$

$$5x = 60$$

$$x = \frac{60}{5} = 12$$

Tarkistus $6 \cdot 12 = 72$

$12 + 60 = 72$ ✓

Vastaus Kysytty luku on 12.

Esimerkki[A] Kolmion kulmat suhtautuvat kuten 2 : 3 : 4. Laske kulmat.

Ratkaisu Merkitään kulmien suuruuksia (asteina) $2x$, $3x$ ja $4x$, jolloin vaatimus kulmien suhteista toteutuu. Kolmion kulmien summa on 180°.

$$2x + 3x + 4x = 180$$

$$9x = 180$$

$$x = \frac{180}{9} = 20$$

$$2x = 2 \cdot 20 = 40$$
$$3x = 3 \cdot 20 = 60$$
$$4x = 4 \cdot 20 = 80$$

$4x$

$2x$ $3x$

Vastaus Kolmion kulmat ovat 40°, 60° ja 80°.

Esimerkki Suorakulmion muotoinen alue on kooltaan 100 m × 50 m. Alue jaetaan kuvan mukaan kahdeksi yhtä suureksi tontiksi ja 15 metrin levyiseksi pysäköintialueeksi. Laske tonttien sivujen pituudet. Ilmoita vastaus millimetrin tarkkuudella.

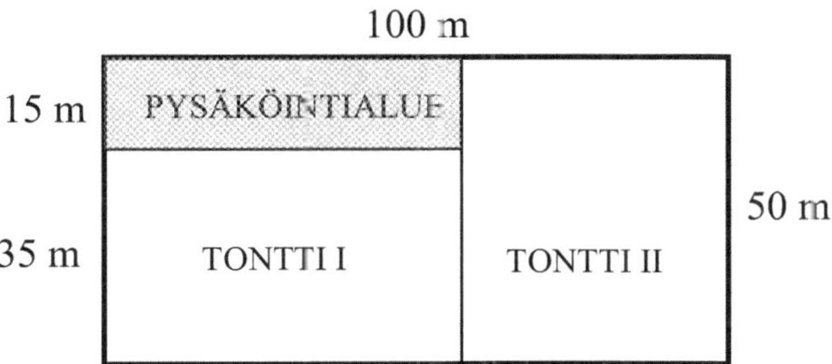

Pohdintaa Pyritään muotoilemaan ongelma yhtälöksi. Yhtälö alkaa hahmottua kun huomataan, että

TONTIN I ala = TONTIN II ala.

Ratkaisu Merkitään tontin I vaakasivua x:llä. Tällöin tontin II vaakasivu on $100 - x$. Tontin I pystysivu on 35 ja tontin II pystysivu 50. Yksiköt ovat metrejä, mutta jätämme ne yksinkertaisuuden vuoksi merkitsemättä.

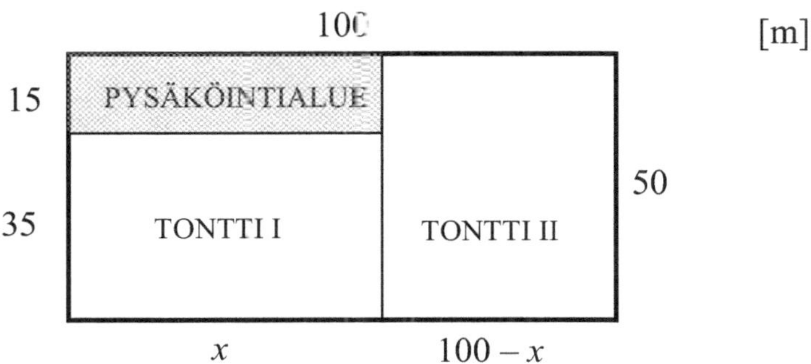

Suorakulmion pinta-ala on kannan ja korkeuden tulo. Tonteilla I ja II on yhtä suuri pinta-ala.

$$35x = 50(100 - x)$$

$$35x = 5000 - 50x$$

$$35x + 50x = 5000$$

$$85x = 5000$$

$$x = \frac{5000}{85} = 58{,}8235\ldots \approx 58{,}824$$

$$100 - x = 41{,}1764\ldots \approx 41{,}176$$

Tarkistus

Tontti I
$35 \cdot 58{,}824 = 2058{,}84$

Tontti II
$50 \cdot 41{,}176 = 2058{,}8$

✓

Vastaus Tontti I: 35 m × 58,824 m, tontti II: 50 m × 41,176 m

Esimerkki A4-kokoisen paperiarkin sivujen suhde on $\sqrt{2} : 1$. Määritä A4-arkin sivut, kun arkin pinta-ala on 625 cm^2.

Ratkaisu Merkitään A4-arkin sivuja $x\sqrt{2}$ ja x, jolloin vaatimus sivujen suhteesta toteutuu.

[cm]

x 625

$x\sqrt{2}$

Suorakulmion pinta ala = kanta kertaa korkeus.

$$x \cdot x\sqrt{2} = 625$$

$$x^2\sqrt{2} = 625$$

$$x^2 = \frac{625}{\sqrt{2}}$$

$$x = \pm\sqrt{\frac{625}{\sqrt{2}}} = \pm 21{,}022\ldots \approx \pm 21{,}0$$

(miinus ei kelpaa)

$$x\sqrt{2} = 29{,}730\ldots \approx 29{,}7$$

Tarkistus

$29{,}7 \cdot 21{,}0 = 623{,}7$

$29{,}7 : 21{,}0 \approx 1{,}414$

$\sqrt{2} : 1 \approx 1{,}414$

⁒

Vastaus Paperiarkin sivut ovat 29,7 cm ja 21,0 cm.

Esimerkki[A] Potilas ottaa lääkkeen kello 8:00. Lääke imeytyy siten, että t tunnin kuluttua lääkettä on verenkierrossa $-t^2 + 7t$ milligrammaa. Milloin lääke on kokonaan poistunut verenkierrosta?

Ratkaisu Selvitetään milloin lääkkeen määrä verenkierrossa on 0.

$$-t^2 + 7t = 0$$

$$t(-t + 7) = 0$$

$t = 0$ tai $-t + 7 = 0$

ottamishetki

$t = 7$

lääke poistunut

Lääke otettiin kello 8. Se on poistunut 7 tuntia myöhemmin eli kello 8 + 7 = 15.

Vastaus Lääke on poistunut verenkierrosta kello 15.

Esimerkki Aamu on sumuinen ja näkyvyys moottoritiellä on ainoastaan 150 m. Millä nopeudella (km/h) auto voi edetä tiellä, jotta se yllättävän esteen uhatessa ehtii pysähtymään tällä matkalla? Auton pysähtymismatka s (m) riippuu nopeudesta v (m/s) kaavan $s = 0{,}2v^2 + v$ mukaan.

Ratkaisu Selvästi pysähtymismatka $s = 0{,}2v^2 + v$ on sitä suurempi mitä suurempi nopeus v on. Riittää siis selvittää, millä nopeudella pysähtymismatka on 150 m.

$$0{,}2v^2 + v = 150$$

$$0{,}2v^2 + 1v - 150 = 0$$

Ratkaistaan v toisen asteen yhtälön ratkaisukaavan avulla. MAOL s. 18

$$\mathbf{0{,}2v^2} + \mathbf{1}v - \mathbf{150} = 0$$

Kertoimet $a = 0{,}2$
$b = 1$
$c = -150$

Diskriminantti $D = 1^2 - 4 \cdot 0{,}2 \cdot (-150) = 121$

Juuret $v = \frac{-1 \pm \sqrt{121}}{2 \cdot 0{,}2} = \frac{-1 \pm 11}{0{,}4} = \begin{cases} 25 \\ -30 \text{ ei kelpaa} \end{cases}$ (m/s)

Lausutaan saatu nopeus 25 m/s tehtävänannossa vaaditussa yksikössä km/h.

$$25 \text{ m/s} = 25 \cdot 3{,}6 \text{ km/h} = 90 \text{ km/h}$$

Vastaus Auton nopeus voi olla enintään 90 km/h.

Logaritmi

MAOL s. 9 ja 19

$\log_2 8 = 3$ on tosi, sillä $2^3 = 8$

$\lg 1000 = 3$ on tosi, sillä $10^3 = 1000$

lg tarkoittaa samaa kuin $\log_{10}$

$\log x^r = r \log x$ (x positiivinen)

$\lg x = 3$

$x = 10^3 = 1000$

$\log_7 x = 2$

$x = 7^2 = 49$

$\lg x^5 = 10$

$5 \lg x = 10$

$\lg x = 2$

$x = 10^2 = 100$

Esimerkki Liuoksen happamuusaste $\mathrm{pH} = -\lg[\mathrm{H}^+]$, missä $[\mathrm{H}^+]$ on liuoksen vetyionipitoisuus (moolia/litra). Liuos on hapan, neutraali tai emäksinen sen mukaan, onko sen pH alle, tasan vai yli 7. Monet järven eliöt viihtyvät parhaiten, kun niiden ympäristön pH on lähellä neutraalia. Jo pH 4,5 … 4,0 merkitsee lohikalojen kehityksen häiriintymistä. Määritä pH-lukuja 4,0 ja 4,5 vastaavien vetyionipitoisuuksien suhde.

Ratkaisu Ratkaista annettuja pH-lukuja vastaavat yhtälöt.

$-\lg[\mathrm{H}^+] = 4{,}0 \quad | \cdot(-1)$

$\lg[\mathrm{H}^+] = -4{,}0$

$[\mathrm{H}^+] = 10^{-4{,}0}$

$-\lg[\mathrm{H}^+] = 4{,}5 \quad | \cdot(-1)$

$\lg[\mathrm{H}^+] = -4{,}0$

$[\mathrm{H}^+] = 10^{-4{,}5}$

$$\text{suhde} = \frac{10^{-4{,}0}}{10^{-4{,}5}} = 3{,}162\ldots \approx 3{,}1$$

Vastaus Vetyionipitoisuuksien suhde on 3,1.

Harjoituksia

59^{A}. Aikuisten pizza on 4 € kalliimpi kuin lasten pizza. Ostetaan yksi lasten ja yksi aikuisten pizza. Ne maksavat yhteensä 13 €. Kuinka paljon kumpikin pizza maksaa?

Ohje: Merkitse hintoja x ja $x + 4$

60^{A}. Muodostetaan 50 tulitikusta kolmioita ja neliöitä, yhteensä 14 erillistä kuviota. Kuinka monta kolmiota ja neliötä muodostuu?

Ohje: Δ x kpl → $3x$ tikkua

□ $(14 - x)$ kpl → $4(14 - x)$ tikkua

yhteensä → 50 tikkua

Tehtävä ratkeaa mukavasti myös yhtälöparin avulla. Kun kolmioita on x kpl ja neliöitä y kpl, tehtävän mukaan

$$\begin{cases} x + y = 14 \\ 3x + 4y = 50 \end{cases}$$

61^{A} D. Määritä funktion

$$f(x) = 3x^2 - 12x + 1$$

derivaatan nollakohdat.

Ohje: Derivoi, aseta derivaatta nollaksi, ratkaise yhtälö.

62^{A}. Kun eräs luku jaetaan luvulla 3, saadaan sama tulos kuin jos luvusta vähennetään 3. Mikä on kyseinen luku?

63^{A}. Luokalla, jolla oli 28 oppilasta, heistä 16 tyttöä, käytti silmälaseja 7 oppilasta, joista 3 oli poikia. Onko tämän tilaston perusteella silmälasien käyttö sukupuolesta riippuvaa?
LÄHDE: YLIOPPILASKOE SYKSY 1991

Ohje: luokalla oppilaita 28

tyttöjä 16 → silmälasit 4

poikia 12 → silmälasit 3

64. Taideseuroilla A ja B on jäseniä vastaavasti 138 ja 420. Seura B saa kunnalta 1260 euron avustuksen. Kuinka paljon A:n on saatava avustusta, jos avustus jaetaan jäsenmäärien suhteessa?

65. Mikä luku on lisättävä murtoluvun $\frac{5}{7}$ osoittajaan ja nimittäjään, jotta sen arvoksi tulisi $\frac{99}{100}$?

Ohje: Olkoon kysytty luku x. Tällöin

$$\frac{5+x}{7+x} = \frac{99}{100}.$$

Jatka kertomalla ristiin.

66. Henkilön kotivakuutusmaksu on sidottu edellisen vuoden elinkustannusindeksin vuosikeskiarvoon. Määritä vakuutusmaksu vuonna 2017, kun se vuonna 2007 vakuutusta otettaessa oli 109,56 €. Käytä oheista taulukkoa.

Vuosi	2006	2007	2008	2009	2010	2011	2012	2013	2014	2015	2016
Indeksin vuosikeskiarvo	1622	1622	1730	1730	1751	1812	1863	1890	1910	1906	1913

LÄHDE: TILASTOKESKUS

Ohje: Kysytty vakuutusmaksu olkoon x.
Muodosta vakuutusmaksujen suhde.
Muodosta indeksilukujen suhde.
Merkitse suhteet yhtä suuriksi ja ratkaise x.

67. Fahrenheitasteet F muutetaan celsiusasteiksi C kaavan

$$C = \frac{5}{9}F - \frac{160}{9}$$

mukaan. Alueella 100°F - 500°F pätee likimääräinen kaava

$$C = \frac{1}{2}F.$$

Mikä on suurin virhe (°C), joka aiheutuu likimääräisen kaavan käytöstä mainitulla alueella?

Ohje: Hahmottele (sotkupaperille) käsivaroin

suorat $C = \frac{5}{9}F - \frac{160}{9}$ ja $C = \frac{1}{2}F$.

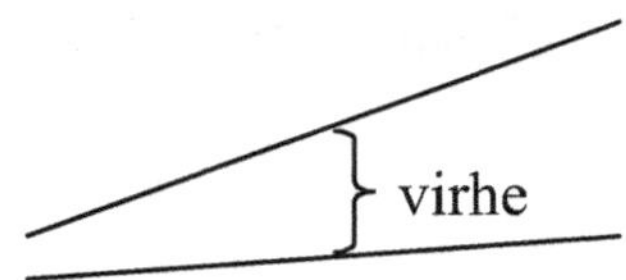

Kuvittele tai piirrä pystylinjat välin [100, 500] päätepisteisiin. Missä F-akselin kohdassa virhe voi olla suurin? Huomaa kaksi mahdollisuutta.

68. Patikkapolusta neljäsosa on ylämäkeä ja kolmasosa alamäkeä. Vaakasuoraa polkua on 2,0 km. Kuinka pitkä oli patikkapolku?

69. Kulutusluotosta maksetaan (vuotuista) korkoa 9,0 prosentin mukaan. Korkokulut ovat 36 € kuukaudessa. Laske luoton suuruus.

70. Liuos painaa 270 g ja sen suolapitoisuus on 5,0 %. Kuinka paljon vettä on liuokseen lisättävä, jotta sen suolapitoisuus olisi 3,0 %?

Ohje: Merkitse uuden liuoksen painoa x:llä ja muodosta yhtälö muistaen, että vanhassa ja uudessa liuoksessa on yhtä paljon suolaa.

71. Henkilöllä on kaksi lainaa, yhteensä 28 000 €. Lainojen korot ovat 9 % ja 2 % ja korkomenot vuodessa 1680 €. Kuinka suuret lainat ovat?

72. Joukko puhtaita lootuskukkia uhrattiin jumalille. Shivalle uhrattiin koko määrästä kolmasosa, Vishnulle viidesosa, Auringolle kuudesosa ja Brahmalle neljäsosa. Loput kuusi lootuskukkaa annettiin kunnianarvoiselle Bramiinille. Sano pian kukkien koko lukumäärä. LÄHDE: BHASKARA ACHARYA: LILAVATI, 1100-LUKU.

73^{A}. Piirrä neliö, jonka pinta-ala on oheisten neliöiden pinta-alojen summa.

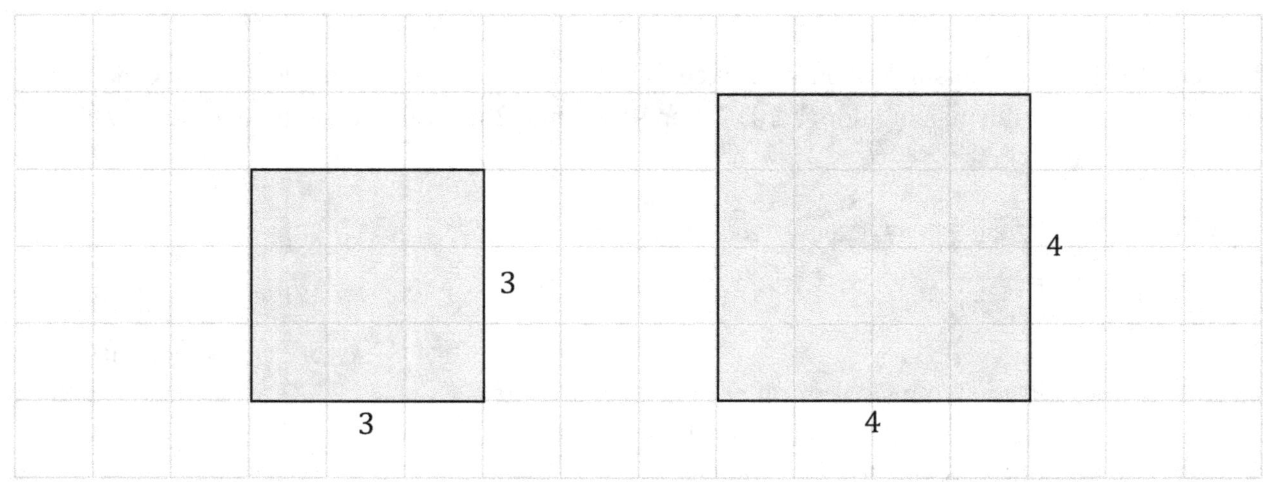

74^A^. Osoita, että oheisen kuvan kahden pienemmän neliön alojen summa = suurimman neliön ala. Neliöt on piirretty ruutujen mukaan.

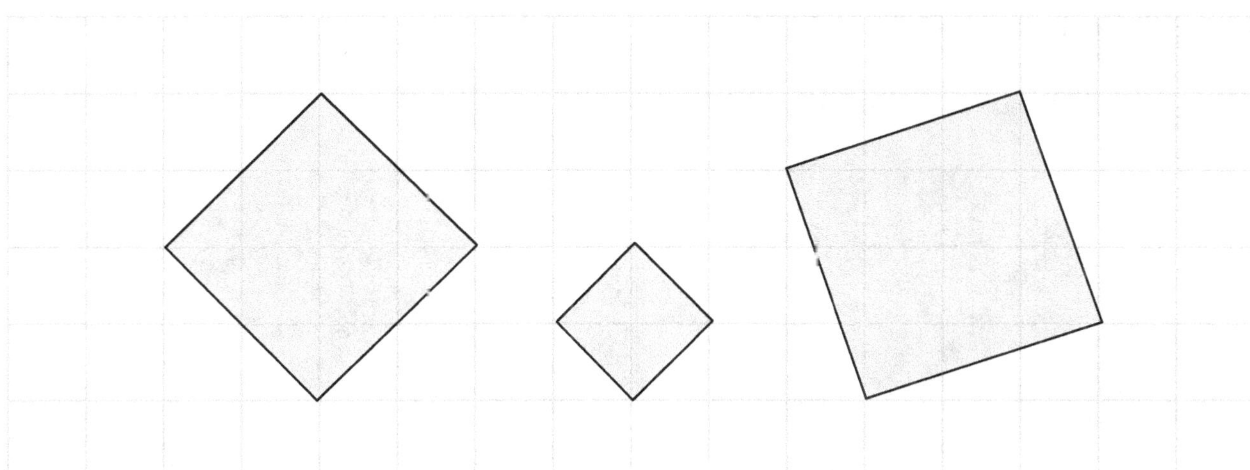

75^A^. Muodosta jokin toisen asteen yhtälö, jolla on juuret $x = 0$ ja $x = 2$.

76. Kirjassa on aukeama, jonka sivunnumeroiden tulo on 6162. Mitkä ovat kyseiset sivunumerot?

Ohje:

Muodosta yhtälö. Voit (hätätilassa) selvittää sivunnumerot kokeilemalla. Perustele tällöin, että kokeilemalla löydetyt sivunumerot ovat ainoat mahdolliset: jos sivunnumeroita pienennetään, pienenee niiden tulo; jos niitä suurennetaan, suurenee niiden tulo. Siten kokeilemalla löydetyt sivunnumerot ovat ainoat mahdolliset.

77. Henkilö iskee tennispalloa niin, että se alkaa nousta kohti tennishallin kattoa pitkin paraabelin $y = -0{,}8x^2 + 5{,}2x + 1{,}5$ kaarta. Osuuko pallo 10 metrin korkeudella olevaan kattoon? Koordinaatiston yksikkö on metri ja x-akseli on lattian pinta. Maila osuu palloon y-akselin kohdalla.

78 D. Paraabelilla $y = 3x^2 - 11x + 11$ on tangentti, jonka suuntakulma on 45°. Määritä tangentin yhtälö.

79. Auton jarrutusmatka on suoraan verrannollinen auton nopeuden neliöön. Jarrutuskokeessa nopeutta 50 km/h vastaa jarrutusmatka 55 m. Kuinka suuresta nopeudesta olisi jarrutusmatka 100 m? Oletamme, että tien ja renkaiden pinnan laatu sekä muut olot ovat vakioita jarrutuskokeen aikana. Nopeudella tarkoitetaan auton nopeutta jarrutuksen alkaessa.

80. Lampun antama valaistuksen voimakkuus on kääntäen verrannollinen lampun etäisyyden neliöön. Etäisyydellä 1,5 m on valaistuksen voimakkuus 60 lx (luksia). Kuinka suuri on valaistuksen voimakkuus 2,5 metrin päässä lampusta?

81^A^ D. Määritä funktion $f(x) = x^5 - 30x$ derivaatan nollakohdat.

82^A^. Positiiviset luvut x ja y toteuttavat yhtälön

$\frac{x-y}{x+y} = \frac{2}{5}$.

Määritä lausekkeen $\frac{x}{y}$ tarkka arvo. *Ohje:* ↗

Ohje: Kerro ristiin. ”Separoi” saamasi yhtälö niin, että x-termi tulee yhtälön vasemmalle puolelle ja y-termi oikealle puolelle. Muuta sitten yhtälö sopivaksi verrannoksi.

83^A^. Luvut a, b, c ja d ovat positiivisia. Todista että verrannot

$$\frac{a+c}{b+d} = \frac{c}{d} \quad \text{ja} \quad \frac{a}{b} = \frac{c}{d}$$

ovat yhtäpitäviä.

84^A^. Ratkaise: **a)** $2^x = 8$

b) $4^x = 8$

c) $3^x = 1$

d) $2 \cdot 3^x = 54$

85^A^. Ratkaise: **a)** $\lg x = 6$

b) $\lg 100^x = 6$

c) $\lg(2x) = \lg(x + 3)$

Luvun numeroiden määrä

Positiivinen kokonaisluku k esitetään tavallisessa muodossa. Sen numeroiden lukumäärä on yhtä suurempi kuin luvun $\lg k$ kokonaisosa.

Esimerkki Kuinka monta numero on luvussa 2018? Vastaus on tietysti 4, mutta testataan yllä olevaa sääntöä. Laskimella saadaan lg 2018 ≈ **3**,3, joten luvun 2018 numeroiden lukumäärä on **4**. ⁄.

86. Luku $2^{74207281} - 1$ on toistaiseksi suurin tunnettu alkuluku eli jaoton luku. Kuinka monta numeroa on luvussa kun se kirjoitetaan tavalliseen muotoon?

Muuten, seuraavissa kysytään samaa ...

- Ratkaisee yhtälö $x^2 - 5x + 6 = 0$.
- Mitkä ovat yhtälön $x^2 - 5x + 6 = 0$ juuret?
- Määritä polynomin $x^2 - 5x + 6$ nollakohdat.
- Määritä lausekkeen $x^2 - 5x + 6$ nollakohdat.
- Määritä paraabelin $y = x^2 - 5x + 6$ nollakohdat.
- Olkoon $f(x) = x^2 - 5x + 6$. Määritä funktion f nollakohdat.
- Olkoon $f(x) = x^2 - 5x + 6$. Ratkaise yhtälö $f(x) = 0$.
- Missä pisteissä paraabeli $y = x^2 - 5x + 6$ leikkaa x-akselin?
- Missä pisteissä käyrä $y = x^2 - 5x + 6$ leikkaa x-akselin?

5. Polynomit

Ääriarvon etsiminen funktion derivaatan avulla D

Suuri metsikkö rajoittuu suoraan tiehen. Henkilö aikoo ostaa siitä suorakulmion muotoisen metsätilan, jonka yksi sivu rajoittuu tiehen.

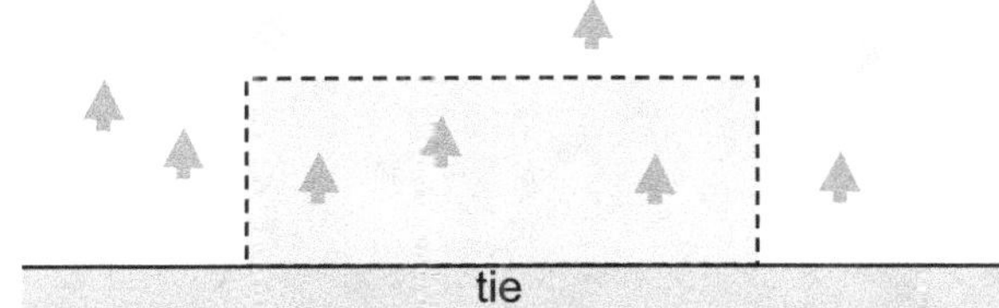

Metsässä kulkevat rajat merkitään kaatamalla puut rajalinjoilta. Tämä aiheuttaa kasvillisuuden menetyksiä ja muita kustannuksia. Kaupan osapuolet päättävät, että rajalinjaa raivataan 1200 m ja että tila mitoitetaan pinta-alaltaan mahdollisimman suureksi. Miten pituus ja leveys on valittava?

Aloitetaan ratkaisu merkitsemällä tietä kohtisuorassa olevien rajalinjojen pituuksia x:llä. Koska rajalinjaa on 1200 m, on tien suuntaisen rajalinjan pituus $1200 - 2x$.

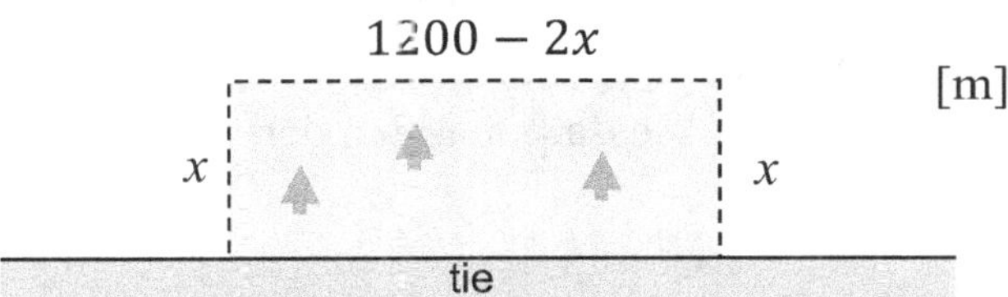

Alueen pinta-ala on

$$A = x(1200 - 2x) = 1200x - 2x^2.$$ KERROTTU TERMEITTÄIN

Tiettyä **muuttujan** arvoa x vastaa aina tietty ala A. Matematiikassa tämäntyyppistä riippuvuutta kutsutaan **funktioksi**. On myös tapana sanoa, että **pinta-ala A on pituuden x funktio**.

Tässä tapauksessa muuttuja x ei voi saada mitä tahansa arvoja. Päässä laskien nähdään, että funktion A **määrittelyjoukko** on suljettu väli $0 \leq x \leq 600$. Päätepisteet $x = 0$ ja $x = 600$ ovat funktion A **nollakohtia**, joita vastaavia ”nollatiloja” ostaja ei halua. Tutkitaan funktiota antamalla x:lle muutamia arvoja ja lasketaan vastaavat pinta-alan A arvot.

x (m)	A (m^2)
0	0
100	100 000
200	160 000
300	180 000
400	160 000
500	100 000
600	0

Havainnollistamme funktion koordinaatistossa. Huomaamme, että funktio A on muodoltaan toisen asteen polynomi. Sen kuvaaja on paraabeli. Toisen asteen termin kerroin on negatiivinen, joten paraabeli aukeaa alaspäin. Käytämme piirtämisessä apuna äskeistä taulukkoa.

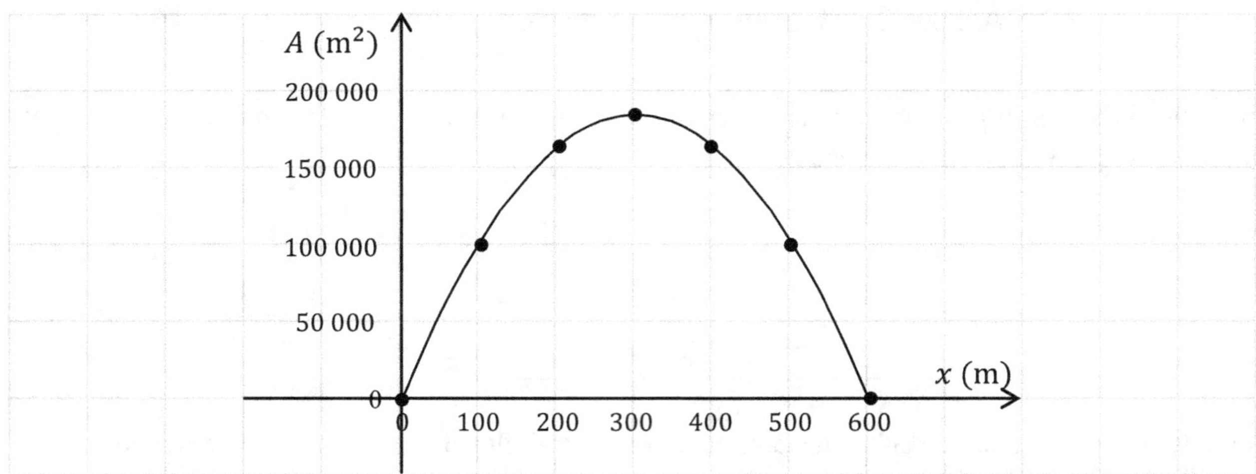

Kuvasta nähdään, että pienillä sivun x arvoilla tilan pinta-ala on pieni. Kun x alkaa kasvaa, myös tilan ala kasvaa: kuvaajassa on silloin "ylämäki". Kohdassa $x = 300$ saavuttaa ala suurimman arvonsa. Tämän jälkeen x:n edelleen kasvaessa alkaa ala vähentyä: kuvaajassa on "alamäki".

Derivaatta on työkalu täsmälliseen funktion kulun tutkimiseen. Kun derivaatta on positiivinen, on kuvaajassa "ylämäki". Kun derivaatta on negatiivinen, on kuvaajassa "alamäki". Derivaatan nollakohta on tärkeä "rajapyykki". Tässä tapauksessa pinta-alan derivaatta on

$$A' = 1200 - 4x.$$

Päässä laskien nähdään, että derivaatan nollakohta on $x = 300$. Kun x on tätä pienempi, on derivaatta A' positiivinen. Silloin ala A on aidosti kasvava (ylämäki). Kun x on suurempi kuin 300, on derivaatta A' negatiivinen. Silloin ala A on aidosti vähenevä (alamäki).

Derivaatan nollakohdassa $x = 300$ ylämäki vaihtuu alamäeksi, joten silloin ollaan huipulla. Vastaava pinta-ala saadaan sijoittamalla alan lausekkeeseen x:n paikalle 300. Tien suuntaisen sivun pituudeksi saadaan

$$1200 - 2 \cdot 300 = 600.$$

Optimaalisen metsäpalstan mitat ovat siis 600 m × 300 m, missä pitempi mitta on tien suuntaisen sivun pituus.

Tässä esimerkissä olisi pärjätty myös ilman derivaattaa. Paraabeli on symmetrinen huipun kautta kulkevan pystysuoran suhteen. Paraabelin nollakohdat ovat $x = 0$ ja $x = 600$, joten huippu on niiden puolessavälissä $x = 300$. Muutoin päätellään kuten edellä.

Funktio

Funktion **nollakohdat** saadaan asettamalla funktion lauseke nollaksi ja ratkaisemalla yhtälö. Funktion kuvaaja koskettaa x-akselia nollakohdissa.

Funktio on **positiivinen** niillä x:n arvoilla, joilla kuvaaja on x-akselin yläpuolella. Funktio on **negatiivinen** niillä x:n arvoilla, joilla kuvaaja on x-akselin alapuolella.

Funktio on **aidosti kasvava** tietyllä välillä, jos välin puitteissa funktion arvot suurenevat oikealle siirryttäessä. Tällöin funktion kuvaaja on verrattavissa ylämäkeen ↗.

Funktio on **aidosti vähenevä** tietyllä välillä, jos välin puitteissa funktion arvot pienenevät oikealle siirryttäessä. Tällöin funktion kuvaaja on verrattavissa alamäkeen ↘.

Polynomifunktio D

Polynomifunktio on **jatkuva**. Sen kuvaaja on yhtenäinen, katkeamaton viiva. Polynomifunktio on **derivoituva**. Derivaatta muodostetaan yksinkertaisten sääntöjen mukaan.

Polynomifunktio on **aidosti kasvava** ↗ jollakin välillä, jos sen derivaatta on positiivinen kyseisellä välillä (yksittäisissä välin pisteissä derivaatta voi olla nolla).

Polynomifunktio on **aidosti vähenevä** ↘ jollakin välillä, jos sen derivaatta on negatiivinen kyseisellä välillä (yksittäisissä välin pisteissä derivaatta voi olla nolla).

Polynomifunktio saavuttaa *suljetulla välillä* suurimman ja pienimmän arvonsa välin päätepisteissä tai derivaatan nollakohdissa (jotka kuuluvat kyseiseen väliin).

Lineaarinen funktio $y = kx + b$

Kuvaaja on **suora**, joten piirtäminen sujuu kahden pisteen avulla. Vakio b kertoo suoran ja y-akselin leikkauspisteen. **Kulmakerroin** k määrää suoran suunnan. Kulmakerroin k ilmoittaa kuinka paljon y kasvaa tai pienenee, kun x kasvaa yhden yksikön. MAOL s. 36

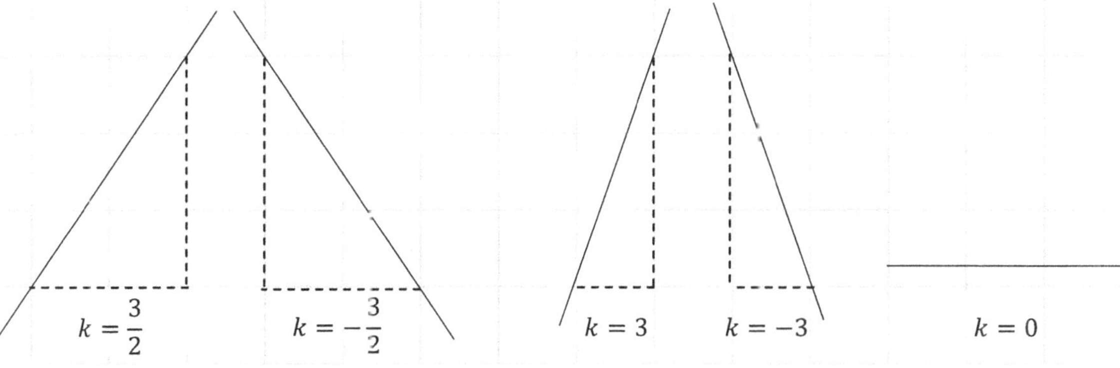

Toisen asteen polynomifunktio $y = ax^2 + bx + c$ D

Kuvaaja on **paraabeli**. Paraabelin **huipun** x-koordinaatti saadaan asettamalla derivaatta nollaksi. Toisen asteen termin kerroin a määrää paraabelin aukeamissuunnan.

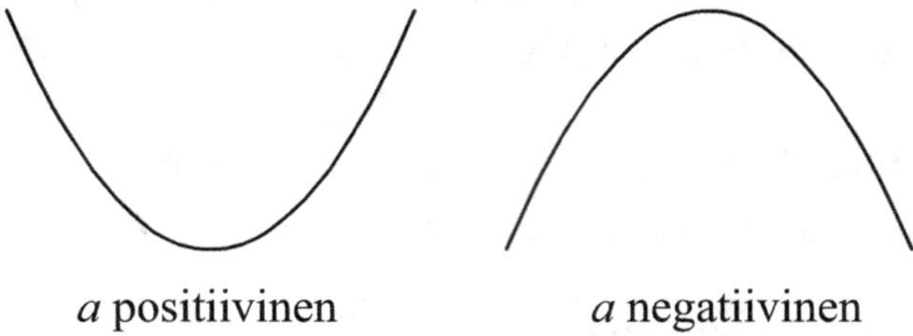

Esimerkki[A] Piirrä funktion $f(x) = 2x - 3$ kuvaaja. Määritä funktion nollakohta.

Ratkaisu Merkintä $f(x) = 2x - 3$ tarkoittaa samaa kuin $y = 2x - 3$. Kysymyksessä on lineaarinen funktio, joten sen kuvaaja on suora. Annetaan x:lle pari "helppoa" arvoa ja lasketaan vastaavat y:n arvot.

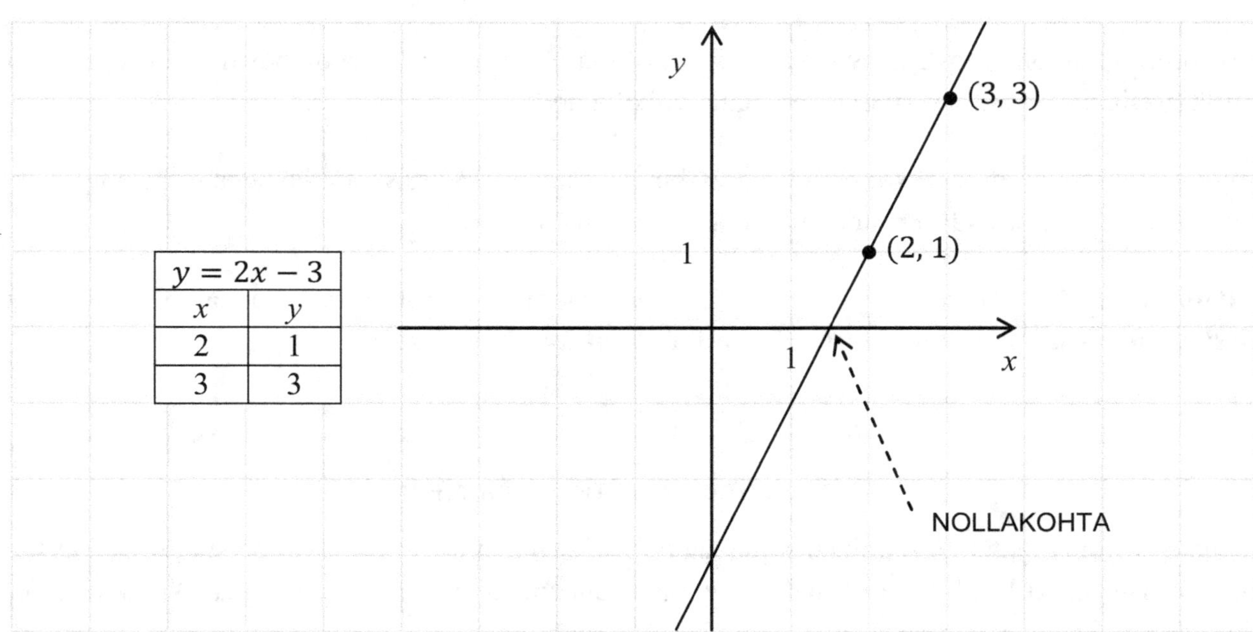

$y = 2x - 3$	
x	y
2	1
3	3

Nollakohta saadaan merkitsemällä funktion lauseke nollaksi ja ratkaisemalla yhtälö.

$$2x - 3 = 0$$

$$2x = 3$$

$$x = \frac{3}{2} = 1{,}5 \quad \leftarrow \text{FUNKTION NOLLAKOHTA}$$

Vastaus Funktion f kuvaaja on suora, piirretty ylle. Funktion f ainoa nollakohta on $x = 1{,}5$.

Esimerkki Määritä se toisen asteen polynomifunktio P, jonka kuvaaja kulkee pisteiden (0, 2), (1, 3) ja (2, 0) kautta. Osoita, että polynomi P ei saavuta arvoa 4.

Ratkaisu Toisen asteen polynomifunktion yleismuoto on $P(x) = ax^2 + bx + c$, missä a, b ja c ovat vakioita, $a \neq 0$.

Kuvaaja kulkee pisteen (0, 2) kautta. Jos siis sijoitetaan lausekkeeseen $ax^2 + bx + c$ muuttujan x paikalle 0, lausekkeen arvoksi pitää tulla 2.

$$a \cdot 0^2 + b \cdot 0 + c = 2 \qquad \text{eli} \qquad c = 2$$

Menetellään vastaavasti kahden muun pisteen kanssa.

$$a \cdot 1^2 + b \cdot 1 + c = 3 \qquad \text{eli} \qquad a + b + c = 3$$

$$a \cdot 2^2 + b \cdot 2 + c = 0 \qquad \text{eli} \qquad 4a + 2b + c = 0$$

Saadaan siis kolmen yhtälöä, joissa on kolme tuntematonta a, b ja c.

$$\begin{cases} c = 2 \\ a + b + c = 3 \\ 4a + 2b + c = 0 \end{cases}$$

Sijoittamalla $c = 2$ kahteen jälkimmäiseen yhtälöön, saadaan yhtälöpari, josta a ja b ratkeavat manuaalisesti. Kun yhtälöryhmä ratkaistaan laskimella, on se yleensä saatettava muotoon, josta kaikki tuntemattomien kertoimet, myös ykköset ja nollat, näkyvät:

$$\begin{cases} 0a + 0b + 1c = 2 \\ 1a + 1b + 1c = 3 \\ 4a + 2b + 1c = 0 \end{cases}$$

Ratkaisuksi saadaan $a = -2$, $b = 3$, $c = 2$, joten $P(x) = -2x^2 + 3x + 2$.

Osoitetaan, että polynomi P ei saa arvoa 4. Merkitään polynomin lauseke yhtä suureksi kuin 4 ja ratkaistaan yhtälö. Asian on selvä, jos yhtälöllä ei ole juuria.

$$-2x^2 + 3x + 2 = 4$$

$$\mathbf{-2}x^2 + \mathbf{3}x - \mathbf{2} = 0 \qquad \text{TOISEN ASTEEN YHTÄLÖ MAOL s. 18}$$

$$D = 3^2 - 4 \cdot (-2) \cdot (-2) = -7 < 0$$

Diskriminantti on negatiivinen, joten yhtälöllä ei ole reaalijuuria. Polynomi ei siis saavuta arvoa 4.

Vastaus $P(x) = -2x^2 + 3x + 2$. Yllä on osoitettu, että polynomi P ei saavuta arvoa 4.

Esimerkki D Kennelin omistaja aikoo rakentaa suorakulmion muotoisen aitauksen, jossa on kuvan mukaiset väliaidat. Hankkeeseen varattu 800 €; aidan materiaali ja työ maksavat 10 €/m. Mitoita aitaus niin, että sen kokonaispinta-ala tulee mahdollisimman suureksi.

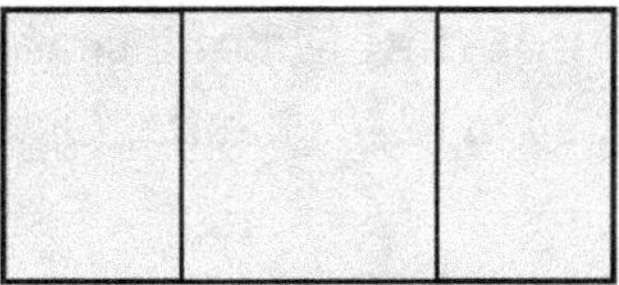

Ratkaisu Aitaa rakennetaan $\frac{800}{10}$ m = 80 m. Olkoon neljän yhtä pitkän seinän pituus x ja kahden muun seinän pituus z.

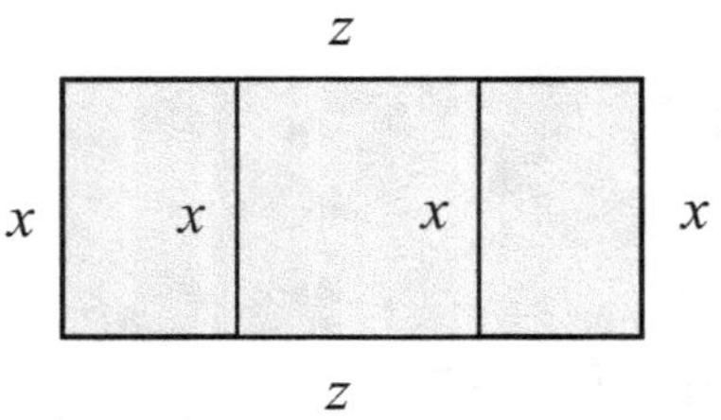

Aitaa on yhteensä 80 m.

$$z + z + x + x + x + x = 80$$

$$2z + 4x = 80 \quad | :2$$

$$z + 2x = 40$$

$$z = 40 - 2x$$

Helposti nähdään, että x rajoittuu välille $0 \leq x \leq 20$, missä päätepisteet eivät käytännössä voi tulla kysymykseen. Aitauksen pinta-ala on

$$A = xz = x(40 - 2x) = 40x - 2x^2$$

Tämä on toisen asteen polynomifunktio, jossa toisen asteen termin kerroin on negatiivinen. Siten funktion kuvaaja on alaspäin aukeava paraabeli ja sen suurin arvo on huipun kohdalla. Huippu löytyy derivaatan nollakohdasta.

$$A' = 40 - 4x = 0$$

JUURI NÄKYY MYÖS SUORAAN PÄÄSSÄ LASKIEN

$$40 = 4x$$

$$x = \frac{40}{4} = 10 \text{ (kelpaa)}$$

← KUULUU VÄLILLE $0 \leq x \leq 20$

$$z = 40 - 2 \cdot 10 = 20$$

Vastaus Aitauksen neljä seinää ovat 10 m, kaksi muuta seinää 20 m.

Esimerkki D Määritä funktion $f(x) = x^3 - 12x + 1$ suurin ja pienin arvo välillä $\underbrace{-3 \leq x \leq 1}_{\text{suljettu väli}}$.
Mitä arvoja funktio saa tällä välillä?

Ratkaisu Polynomifunktio saavuttaa suurimman ja pienimmän arvonsa suljetulla välillä välin päätepisteissä tai derivaatan nollakohdissa, jotka ovat kyseisellä välillä.

$f(x) = x^3 - 12x + 1$ ← POLYNOMIFUNKTIO

$f'(x) = 3x^2 - 12$ ← DERIVAATTA

$3x^2 - 12 = 0$ ← ASETETAAN DERIVAATTA NOLLAKSI

$3x^2 = 12$

$x^2 = \frac{12}{3} = 4$ TÄMÄ UNOHTUU HELPOST

$x = \pm\sqrt{4} = \pm 2$ juuri $x = +2$ hylätään, koska se ei kuulu tarkasteluväliin

Lasketaan funktion arvot derivaatan nollakohdissa ja välin päätepisteissä.

$f(-3) = (-3)^3 - 12(-3) + 1 = 10$
$f(-2) = (-2)^3 - 12(-2) + 1 = 17$ ← suurin
$f(1) = 1^3 - 12 \cdot 1 + 1 = -10$ ← pienin

Jokainen polynomifunktio on jatkuva: sen kuvaaja on yhtenäinen viiva. Siten funktio $f(x)$ saa välillä $-3 \leq x \leq 1$ pienimmän ja suurimman arvonsa ja kaikki näiden väliset arvot. Kysytyt arvot on suljetun välin $[-10, 17]$ luvut.

Vastaus Funktion suurin arvo on $f(-2) = 17$ ja pienin arvo $f(1) = -10$. Funktion arvot ovat välin $[-10, 17]$ luvut.

Esimerkki[A] Ratkaise epäyhtälö $-3x + 12 > 0$.

Ratkaisu $-3x + 12 > 0$

$-3x > -12$

$x < \frac{-12}{-3}$

MUISTA KÄÄNTÄÄ "NUOLI" SILLOIN, KUN KERROT TAI JAAT EPÄYHTÄLÖN PUOLITTAIN NEGATIIVISELLA LUVULLA.

$x < 4$

Vastaus Epäyhtälön ratkaisu on $x < 4$.

Esimerkki[A] Ratkaise epäyhtälö $x^2 - 6x + 8 < 0$.

Ratkaisu Funktion $y = x^2 - 6x + 8$ kuvaaja on ylöspäin aukeava paraabeli. Se saa negatiivisia arvoja nollakohtien välissä. Ratkaistaan siis nollakohdat ja todetaan ratkaisu.

$$\mathbf{1}x^2 - \mathbf{6}x + \mathbf{8} = 0$$

$a \quad b \quad c$

MAOL s. 18

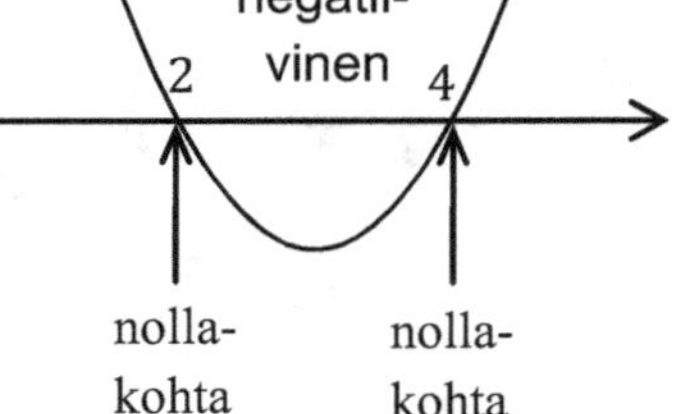

Diskriminantti $\quad D = (-6)^2 - 4 \cdot 1 \cdot 8 = 4$

Juuret $\quad x = \frac{6 \pm \sqrt{4}}{2 \cdot 1} = \frac{6 \pm 2}{2} = \begin{cases} 4 \\ 2 \end{cases}$

Vastaus Epäyhtälön ratkaisu on $2 < x < 4$.

Esimerkki D Määritä funktion $f(x) = x^3 - x^2$ ja sen derivaatan $f'(x)$ pienin arvo, kun x on välille $[-2, 2]$ kuuluva kokoanisluku.

Ratkaisu Tehtävässä muuttuja x saa vain viisi arvoa, joten ratkaistaan ongelma kokeilemalla.

$f(x) = x^3 - x^2$	$f'(x) = 3x^2 - 2x$
$f(-2) = (-2)^3 - (-2)^2 = \boxed{-12}$	$f'(-2) = 3(-2)^2 - 2(-2) = 16$
$f(-1) = (-1)^3 - (-1)^2 = -2$	$f'(-1) = 3(-1)^2 - 2(-1) = 5$
$f(0) = 0^3 - 0^2 = 0$	$f'(0) = 3 \cdot 0^2 - 2 \cdot 0 = \boxed{0}$
$f(1) = 1^3 - 1^2 = 0$	$f'(1) = 3 \cdot 1^2 - 2 \cdot 1 = 1$
$f(2) = 2^3 - 2^2 = 4$	$f'(2) = 3 \cdot 2^2 - 2 \cdot 2 = 8$

Vastaus Funktion f pienin arvo on -12 ja derivaatan f' pienin arvo on 0.

Huomautus Voit laskea arvot myös laskimen TABLE-toiminnolla (tai vastaavalla). Syötä asianmukaisesti funktio ja luvut –2, –1, 0, 1 ja 2. Esimerkiksi Casio *fx-9860G Slim* antaa taulukon

X	Y1	Y'1	
- 2	- 12	16	
- 1	- 2	5	
0	0	1E- 16	← - - - - - - TÄSSÄ PITÄISI OLLA **0**.
1	0	1	
2	4	8	

Kaikki muu on OK paitsi **1E- 16**. Tämä tarkoittaa lukua $1 \cdot 10^{-16}$ ja on siis melkein oikea tulos. Virhe aiheutuu siitä, että laskin muodostaa derivaatan likimääräismenetelmiä käyttäen, jolloin yksittäiset arvot saattavat poiketa hitusen oikeista. Tässä tapauksessa vältät virheen muodostamalla itse derivaatan lausekkeen ja syöttämällä sen laskimeen.

Harjoituksia

87ᴬ. Alla on kolmen suoran kuvaajat. Esitä niiden yhtälöt muodossa $y = ax + b$.

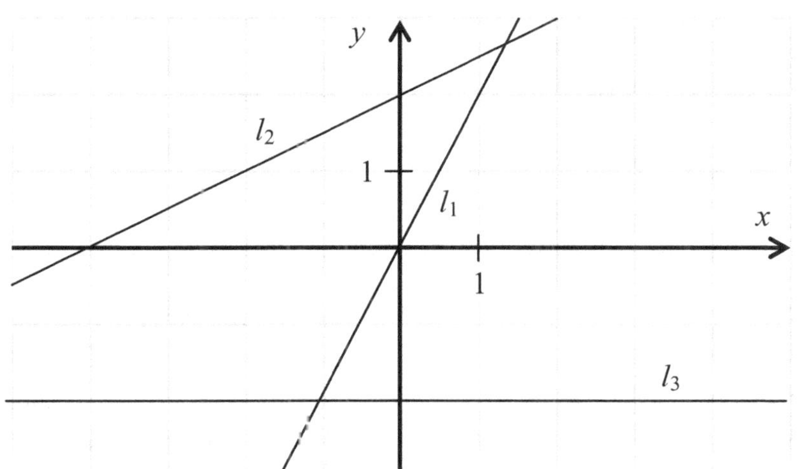

88ᴬ. Suoran kulmakerroin on 3 ja suora leikkaa y-akselin pisteessä (0, 1). Muodosta suoran yhtälö.

89ᴬ. Yrityksen voitto (miljoonaa euroa) oli kuutena peräkkäisenä vuotena seuraava:

32, 35, 41, 45, 49, 52

Kuvaa voiton kehitystä graafisesti. Oliko voitto ajan suhteen likimain lineaarinen funktio

90ᴬ. Olkoon $f(x) = 8x + 9$. Olkoot a ja b kaksi eri lukua. Määritä seuraavan lausekkeen arvo:

$$\frac{f(a) - f(b)}{a - b}$$

91ᴬ. Suomalaisten tyttöjen keskimääräinen pituus (cm) on

$$f(x) = 6x + 80, \ 5 \leq x \leq 13,$$

missä x tarkoittaa ikää vuosina. Laske ja tulkitse $f(9)$. Kuinka paljon pituus kasvaa keskimäärin vuodessa?

LÄHDE: TUTKIMUSRYHMÄ: SAARI, SANKILAMPI, KARVONEN, HEIKKILÄ, DUNKEL

92ᴬ D. Laske derivaatta $f'(1)$, kun

$$f(x) = x(x + 2) - 5.$$

LÄHDE: YLIOPPILASKOE KEVÄT 2013

93 D. Pallo heitetään suoraan ylöspäin. Pallon korkeus maanpinnasta t sekunnin kuluttua on $h(t)$ metriä,

$$h(t) = -5t^2 + 10t + 1.$$

Kuinka korkealle pallolle nousee? *Ohje:* Derivaatta $h'(t)$ ilmoittaa pallon nopeuden. Mikä nopeus on lentoradan lakipisteessä?

94 D. Pääjärven veden lämpötila oli erään vuoden touko-syyskuussa likimain $f(T)$ °C, missä T on aika kuukausina vuoden alusta ja

$$f(T) = -1{,}77T^2 + 23{,}9T - 64{,}2, \quad 4 \leq T \leq 9.$$

a) Minä päivänä veden lämpötila oli suurimmillaan ja mikä oli veden lämpötila silloin?

b) Oliko lämpötila nousussa vai laskussa Jaakon päivänä 25.7.?

LÄHDE: LUONNON TUTKIJA 2/1983

95 (D). Osoita, että polynomi $3x^2 - 6x + 4$ saa ainoastaan positiivisia arvoja.

Ohje: Totea paraabelin aukeamissuunta ja määritä huippu. Tehtävän voi ratkaista myös ilman derivaattaa: totea paraabelin aukeamissuunta ja osoita, että paraabelilla ei ole nollakohtia.

96^A. Millä luonnollisilla luvuilla n lauseke $n^3 + n$ saa suurempia arvoja kuin 1 000 000?

Ohje: Selvästi lauseke $n^3 + n$ kasvaa luvun n kasvaessa. Etsi kokeilemalla n:n arvo, jolla lauseke on ≤ 1000000, mutta seuraavaksi suuremmalla n:n arvolla yli 1000000.

97^A. Ratkaise epäyhtälö $x^2 < x$.

Ohje: Siirrä aluksi termi x vasemmalle puolelle. Vasemman puolen kuvaaja on ylöspäin aukeava paraabeli. Epäyhtälö toteutuu nollakohtien välissä.

98. Fahrenheitasteiden F ja celsiusasteiden C välillä on lineaarinen yhteys oheisen kuvan mukaan. Lausu fahrenheitasteet F celsiusasteiden C funktiona.

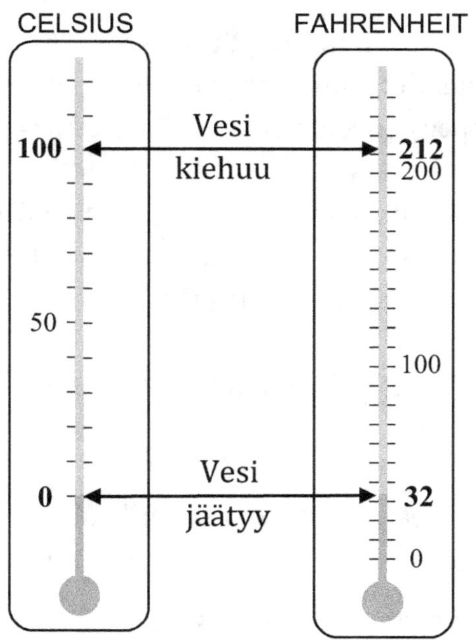

32 °F

99 D. Tuotteen päivämyynti y (kpl) on kappalehinnan x (€) lineaarinen funktio. Kun tuote maksaa 20 €, sitä myydään 2200 kpl, kun tuote maksaa 15 €, sitä myydään 2700 kpl. Muodosta funktion yhtälö. Millä x:n arvolla kassaan tulee mahdollisimman paljon rahaa?

Ohje: Muodosta aluksi pisteiden (20, 2200) ja (15, 2700) kautta kulkevan suoran yhtälö.

100 D. Kipua lievittävän lääkkeen vaikutus t tunnin kuluttua lääkkeen ottamisesta on

$$m(t) = -t^3 + 3t^2 + 9t, \quad 0 \leq t \leq 4{,}5.$$

Milloin vaikutus on suurimmillaan?

101 D. Abin työpäivä koulussa alkaa kello 8 ja päättyy kello 16. Hän kuvaa vireyttään työpäivän aikana funktiolla

$$R(t) = t^3 - 15t^2 + 63t + 10, \quad 0 \leq t \leq 8,$$

missä t on aika (h) koulupäivän alusta ja $R(t)$ vireys asteikolla 0 … 100.

a) Mikä oli vireys työpäivän alussa ja lopussa?

b) Milloin vireys nousi ja laski?

c) Milloin vireys oli matalimmillaan ja milloin korkeimmillaan?

6. Koordinaatiston geometriaa

Suora koordinaatistossa

MAOL s. 36 - 37

Ratkaisematon muoto

$ax + by + c = 0$

Antaa kaikki suorat, jos ainakin toinen kertoimista a ja b on nollasta eriävä.

Ratkaistu muoto

$y = kx + b$

Antaa kaikki muut suorat paitsi pystysuorat.

Vaakasuora

$y =$ vakio

Pystysuora

$x =$ vakio

Derivaatta D

Funktion $f(x)$ kuvaajalle kohtaan $x = a$ piirretyn tangentin kulmakerroin on $f'(a)$.

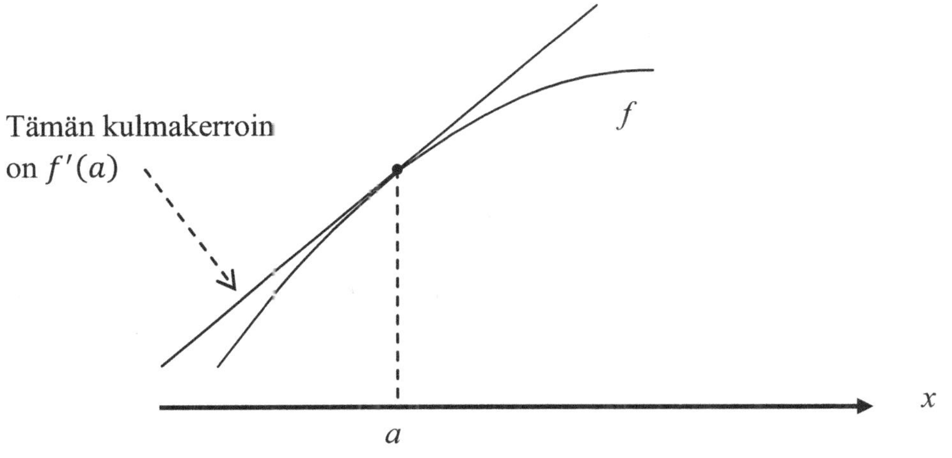

Esimerkki[A] Onko piste $(22, 53)$ suoralla $y = 2x + 7$?

Ratkaisu Sijoitetaan suoran yhtälöön $x = 22$ ja $y = 53$. *Toteutuuko yhtälö?*

$$53 = 2 \cdot 22 + 7$$
$$53 = 51 \quad \leftarrow \text{epätosi}$$

Vastaus Piste ei ole suoralla.

Esimerkki[A] Piirrä suora $2x + 3y = 6$.

Ratkaisu Lasketaan päässä laskien kaksi suoran pistettä. Käytetään mahdollisimman helppoja lukuja. Nähdään:

- jos $y = 0$, on $x = 3$, siis suora kulkee pisteen $(3, 0)$ kautta,
- jos $x = 0$, on $y = 2$, siis suora kulkee pisteen $(0, 2)$ kautta.

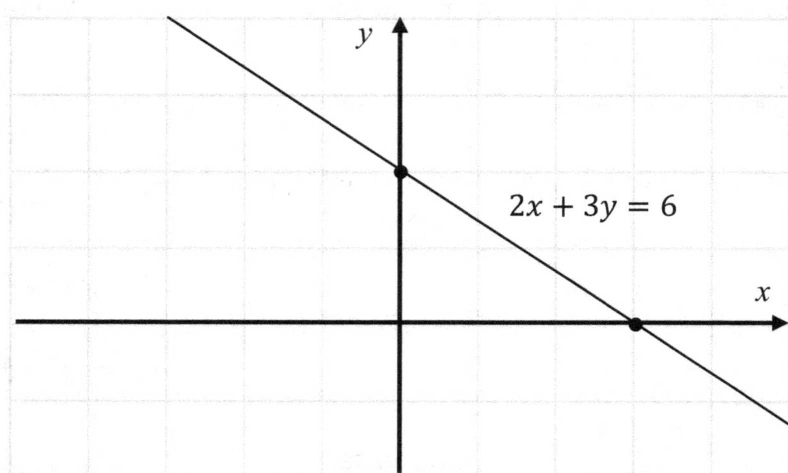

Esimerkki[A] **D** Paraabelille $y = x^2$ asetetaan pisteeseen $(-1, 1)$ tangentti. Määritä tangentin kulmakerroin.

Ratkaisu

$y = x^2$

$y' = 2x$ ← SIJOITETAAN $x = -1$

$y' = 2 \cdot (-1) = -2$ ← TÄMÄ ON KYSYTTY TANGENTIN KULMAKERROIN

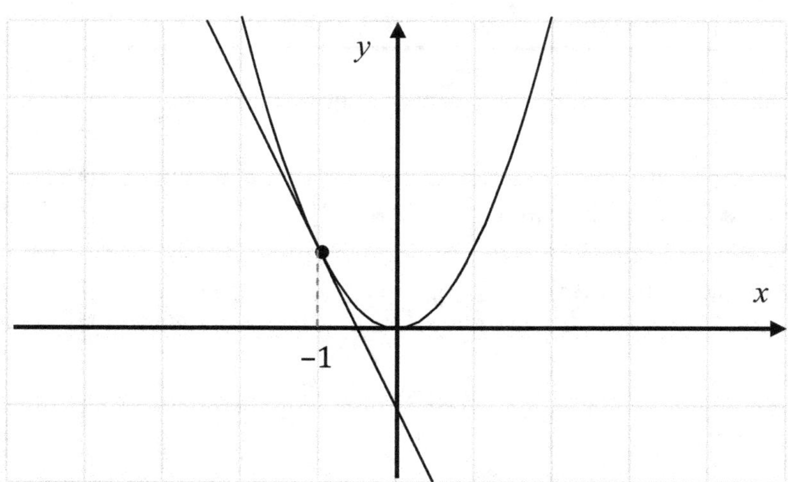

Vastaus Tangentin kulmakerroin on –2.

Esimerkki Pidämme koordinaatistoa meren pintana. Pisteissä $A(4, 1)$ ja $B(-1, 3)$ on laivat. Määritä laivojen etäisyys. Kuinka suuressa kulmassa jana AB näkyy majakalta $M(-3, -2)$?

Ratkaisu

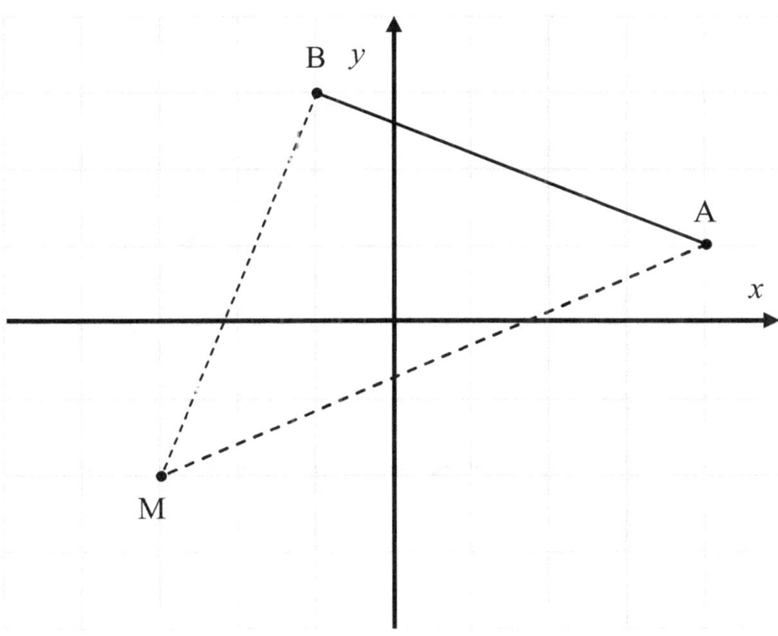

Laivojen etäisyys saadaan suoraan janan pituuden kaavalla. MAOL s. 36 ylhäällä

$$AB = \sqrt{(-1-4)^2 + (3-1)^2} = \sqrt{29} \approx 5{,}4$$

Lasketaan kulma AMB suorien välisen kulman kaavalla, MAOL s. 36 alhaalla. Janojen MA ja MB kulmakertoimet saadaan suoraan ruutujen mukaan tai kaavoilla MAOL s.36 keskellä.

MA:n kulmakerroin $= \frac{1-(-2)}{4-(-3)} = \frac{3}{7}$ (TARKISTUS RUUTUJEN MUKAAN)

MB:n kulmakerroin $= \frac{3-(-2)}{(-1)-(-3)} = \frac{5}{2}$ (TARKISTUS RUUTUJEN MUKAAN)

$$\tan \sphericalangle AMB = \left|\frac{\frac{3}{7}-\frac{5}{2}}{1+\frac{3}{7}\cdot\frac{5}{2}}\right| = 1$$

$$\sphericalangle AMB = \tan^{-1} 1 = 1$$

$$\sphericalangle AMB = 45°$$

Vastaus Laivojen etäisyys on noin 5,4. Jana AB näkyy 45°:n kulmassa majakalta M.

Esimerkki[A] Pisteet $A(1,2)$, $B(5,3)$ ja $C(3,5)$ määräävät kolmion. Laske kolmion pinta-ala.

Ratkaisu "Ympäröimme" sopivalla suorakulmiolla ADEF kolmion ABC. Suorakulmion pinta-ala saadaan helposti, samoin suorakulmaisten kolmioiden pinta-alat.

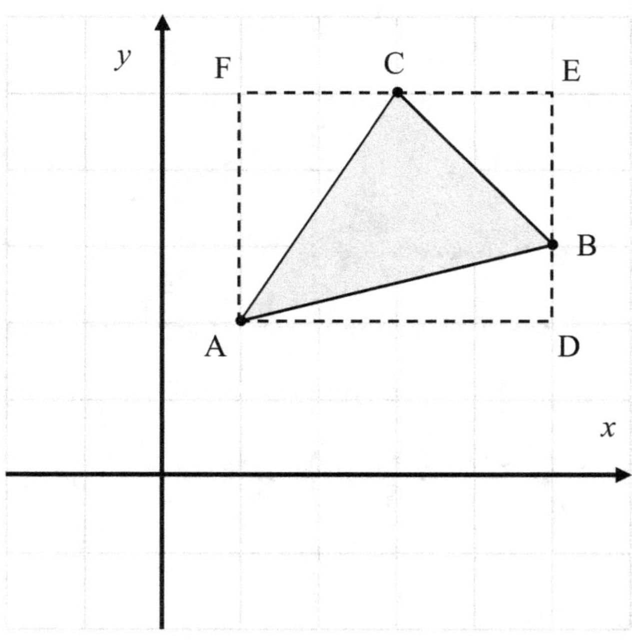

suorakulmion ADEF ala $= 4 \cdot 3 = 12$

kolmion ADB ala $= \frac{4 \cdot 1}{2} = 2$

kolmion BEC ala $= \frac{2 \cdot 2}{2} = 2$

kolmion CFA ala $= \frac{2 \cdot 3}{2} = 3$

(kolmioiden ADB, BEC ja CFA alat yhteensä 7)

kolmion ABC ala $= 12 - 7 = 5$

Vastaus Kolmion pinta-ala on 5.

Esimerkki[A] **D** Onko käyrällä $y = 4x^3 - 5x^2 - 25x + 7$ vaakasuora tangentti kohdassa $x = 2$?

Ratkaisu Derivoidaan ja sijoitetaan derivaatan lausekkeeseen $x = 2$. Vastaus ilmoittaa tangentin kulmakertoimen kohdassa $x = 2$. Jos se on nolla, on tangentti vaakasuora.

$$y' = 12x^2 - 10x - 25$$

$$y'(2) = 12 \cdot 2^2 - 10 \cdot 2 - 25 = 3 \neq 0$$

DERIVAATAN LAUSEKKEESEEN SIJOITETAAN x:N PAIKALLE 2.

Vastaus Ei ole.

Esimerkki[A] Millä todennäköisyydellä suora $ax + by = 10$ kulkee pisteen (1, 2) kautta, kun kerroin a arvotaan nopanheitolla, samoin kerroin b?

Ratkaisu Suora kulkee annetun pisteen kautta täsmälleen silloin, kun pisteen koordinaatit toteuttavat suoran yhtälön.

$$\begin{aligned} &\ \ \ 1\ \ \ \ \ 2 \\ &\ \ \ \downarrow\ \ \ \ \downarrow \\ ax + by &= 10 \\ a \cdot 1 + b \cdot 2 &= 10 \\ a + 2b &= 10 \end{aligned}$$

← KUN TÄMÄ TOTEUTUU, SUORA KULKEE PISTEEN (1, 2) KAUTTA.

Kahden nopan heittoon liittyvät todennäköisyydet ratkaistaan mukavasti 6 × 6 -ruudukon avulla. Ruudut edustavat symmetrisiä (yhtä mahdollisia) alkeistapauksia.

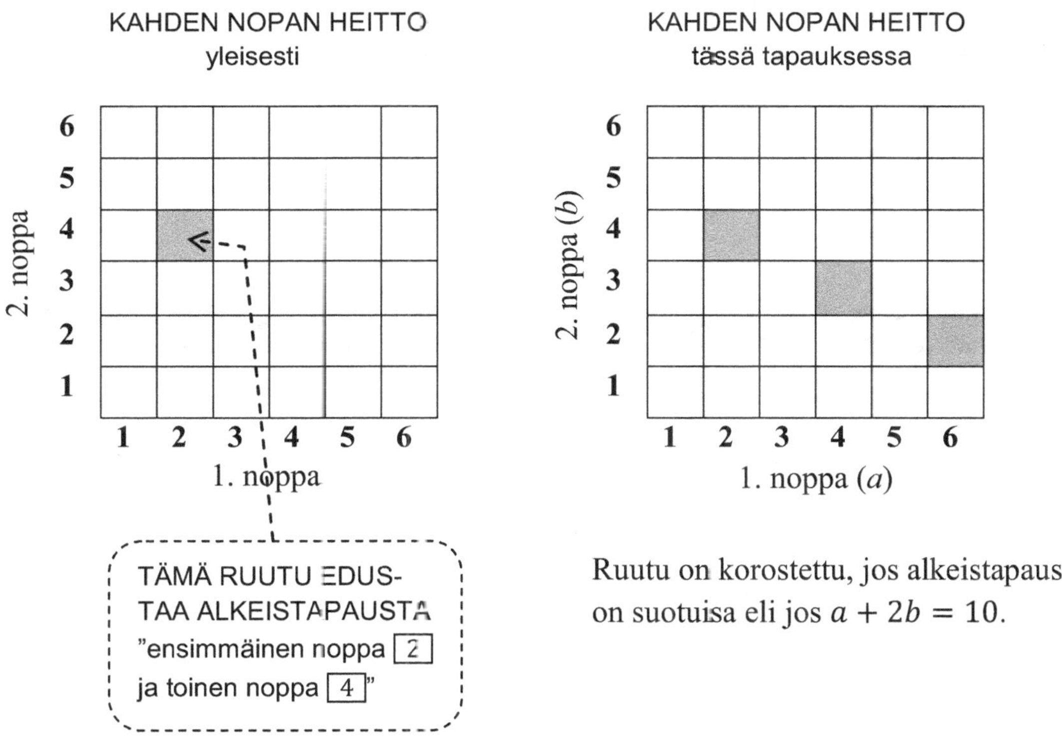

Ruutu on korostettu, jos alkeistapaus on suotuisa eli jos $a + 2b = 10$.

Symmetrisiä alkeistapauksia on 6 × 6 = 36. Niistä suotuisia on 3, joten kysytty (klassinen) todennäköisyys on

$$\frac{3}{36} = \frac{1}{12}.$$

Vastaus Suora kulkee pisteen kautta todennäköisyydellä $\frac{1}{12}$.

Esimerkki[A] Ratkaise yhtälöpari

$$\begin{cases} 3x + 7y = 1 \\ (3x + 7y)(x - 7y) = 7 \end{cases}$$

Pohdintaa Ennen kuin aloitat varsinaisen laskemisen, **pysähdy silmäilemään** yhtälöitä. Huomaat, että alemmassa yhtälössä esiintyvä ensimmäinen sulkulauseke on sama kuin ylemmän yhtälön vasen puoli, jonka toisaalta pitää olla 1.

Ratkaisu

$$\begin{cases} 3x + 7y = 1 \\ (3x + 7y)(x - 7y) = 7 \end{cases}$$

Sijoitetaan ylemmän yhtälön "informaatio" alempaan. Säilytetään ylempi yhtälö paikallaan.

$$\begin{cases} 3x + 7y = 1 \\ (1)(x - 7y) = 7 \end{cases} \quad \text{eli} \quad \begin{cases} 3x + 7y = 1 \\ x - 7y = 7 \end{cases}$$

Saatu yhtälöpari ratkeaa helposti. Puolittaisella yhteenlaskulla saadaan $4x = 8$, josta $x = 2$. Sijoituksella alempaan yhtälöön saadaan $2 - 7y = 7$, josta $y = -\frac{5}{7}$.

Vastaus $x = 2, y = -\frac{5}{7}$

Harjoituksia

102[A]**.** Onko piste $(5, -2)$ suoralla

$2x - 3y = 16$?

103[A] **D.** Paraabelille $y = x^2$ asetetaan tangentti pisteeseen $(1, 1)$. Määritä tangentin yhtälö.

104[A] **D.** Määritä paraabelin

$y = 3x^2 - 12x + 13$

huipun koordinaatit.

105[A]**.** Osoita, että suorat $x + 2y = 6$ ja $2x - y = 7$ ovat kohtisuorassa toisiaan vastaan.

106[A]**.** Suorat $y = 2x \pm 6$ esittävät tien reunoja. Määritä suorien $y = 0$ ja $y = 5$ väliin jäävän tiealueen pinta-ala.

Ohje: Alue on suunnikas, joka kannaksi on hyvä valita vaakasivu.

107[A]**.** Koordinaatiston pisteitä (x, y), missä x ja y ovat kokonaislukuja, kutsutaan *hilapisteiksi*. Osoita, että suora $2x + 6y = 2017$ ei kulje minkään hilapisteen kautta.

108[A] **D.** Lintu lähtee pisteestä $(0, 9)$ ja lentää pitkin paraabelin $y = x^2 - 6x + 9$ kaarta laskeutuen x-akselille. Laskeutuiko lintu "pehmeästi" eli oliko linnun lentorata vaakasuuntainen sen laskeutuessa?

109. Määritä suoran $y = -3x + 3$ suuntakulma.

110. Ovatko pisteet A$(17, 70)$ ja B$(5, 30)$ suoran $y = 3x + 16$ eri puolilla?

111[A]. Piirrä funktion

$$y = x(3 - x) + x^2 + 2$$

kuvaaja.

112[A]. Piirrä yhtälön $xy = 12$ kuvaaja positiivisilla arvoilla x ja y. Määritä graafisesti ja algebrallisesti kuvaajan ja suoran $x + y = 7$ leikkauspisteet.

113 D. Paraabeli $y = 0{,}1x^2$ esittää tietä. Auto saapuu oikealta ylhäältä origoa kohti liian suurella nopeudella. Auto suistuu tieltä pisteessä $(10, 10)$ ja jatkaa kulkuaan mainitun pisteen kautta kulkevan paraabelin tangentin suuntaan. Missä pisteessä auto osuu x-akseliin?

114 D. Kuulantyöntäjä pukkaa kuulan y-akselin kohdalta oikealle. Kuulan lentorata on paraabeli $y = -0{,}1x^2 + 0{,}9x + 1{,}5$. Koordinaatiston yksikkö vastaa metriä ja x-akseli on maanpinta.

a) Missä kulmassa vaakatasoon nähden kuula lähtee?

b) Kuinka korkealle kuula nousee?

c) Kuinka kauas kuula lentää?

115 D. Vanerilevy on suorakulmaisen kolmion muotoinen. Sen kateetit ovat 6 dm ja 12 dm. Levystä sahataan suorakulmion muotoinen laatta, jonka yksi kulma yhtyy kolmion suoraan kulmaan. Mitoita laatta niin, että sen ala on mahdollisimman suuri.

Ohje: Aseta vanerilevy koordinaatistoon kuvan mukaan.

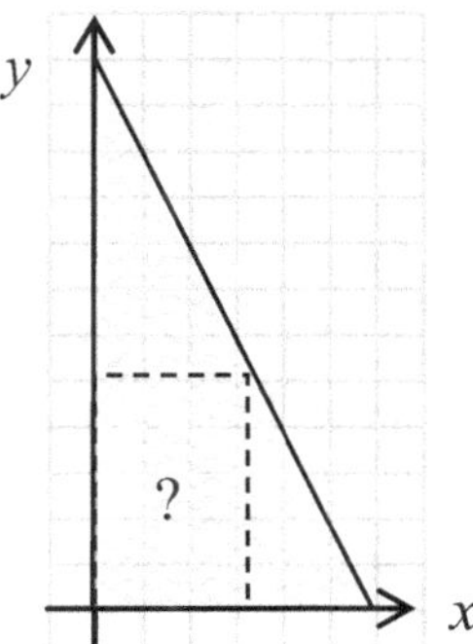

116 D. Osoita, että paraabelit $y = x^2 + 2x$ ja $y = x^2 - \frac{1}{2}x$ leikkaavat toisensa kohtisuorasti origossa.

Ohje: Totea, että kumpikin käyrä kulkee origon kautta. Määritä origoon piirrettyjen tangenttien kulmakertoimet ja laske niiden tulo.

117 D. Funktio $f(x) = x^3 - 3x + 1$ on eräällä välillä aidosti vähenevä. Määritä tämä väli.

Ohje: Myös välin päätepisteet kuuluvat ratkaisuun.

118 D. Lasten liukumäen profiili on käyrän

$$y = 0{,}0625x^3 - 0{,}375x^2 + 2, \quad 0 \leq x \leq 4,$$

mukainen. Missä pisteessä liukumäki on jyrkimmillään? Kuinka suuri kaltevuuskulma on tässä pisteessä?

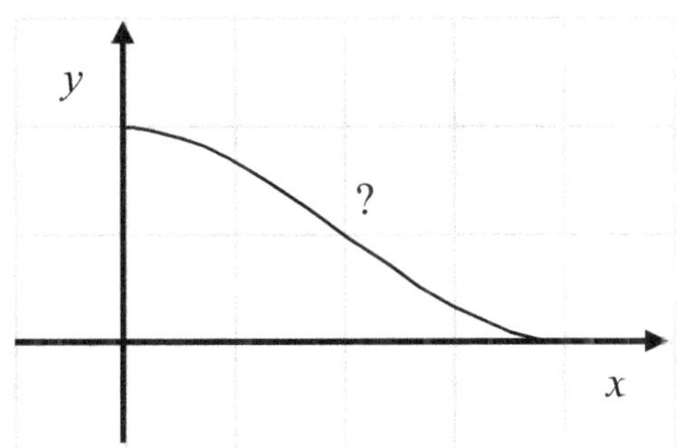

7. Lineaarisia työkaluja

Yhtälöpari

Yhtälöparin ratkaisussa etsitään lukupareja, jotka toteuttavat molemmat yhtälöt. Graafisessa ratkaisussa piirretään yhtälöiden kuvaajat. Kuvaajien leikkauspisteet muodostavat ratkaisun.

Algebrallinen ratkaisu

$$\begin{cases} 2x + 3y = 3 \\ x - y = 1 \end{cases} \quad \Big| \cdot 3$$

KERROTAAN SOPIVASTI PUOLITTAIN

$$\begin{cases} 2x + 3y = 3 \\ 3x - 3y = 3 \end{cases}$$

LASKETAAN YHTEEN PUOLITTAIN

$$5x = 6$$

TOINEN TUNTEMATON HÄIPYI

$$x = \frac{6}{5}$$

SIJOITETAAN JÄLKIMMÄISEEN YHTÄLÖÖN

$$\frac{6}{5} - y = 1$$

$$\frac{6}{5} - \frac{5}{5} = y$$

$$\frac{1}{5} = y$$

Vastaus $\begin{cases} x = \frac{6}{5} \\ y = \frac{1}{5} \end{cases}$

Graafinen ratkaisu

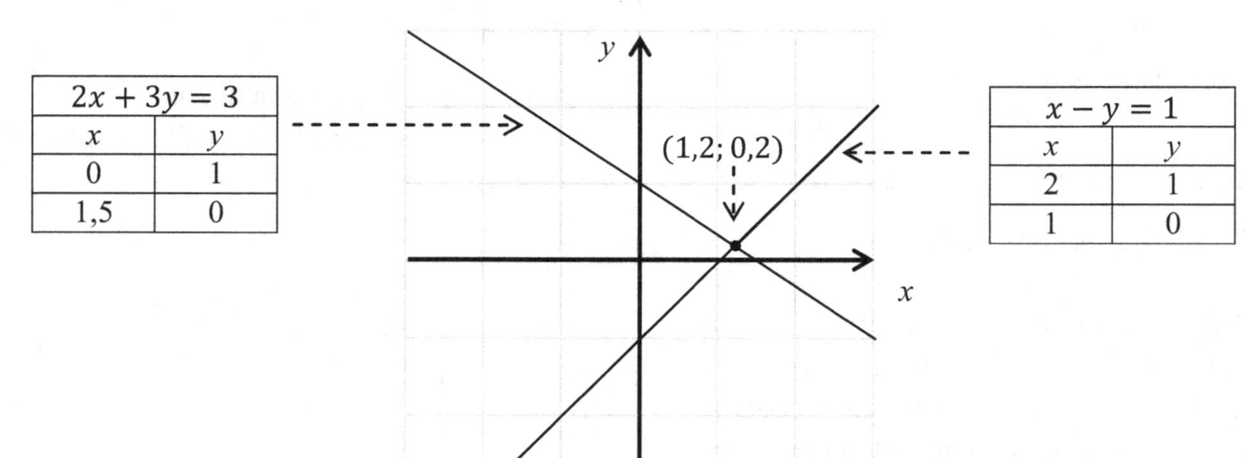

$2x + 3y = 3$	
x	y
0	1
1,5	0

$x - y = 1$	
x	y
2	1
1	0

Esimerkki Määritä kolmannen kukkaerän hinta.

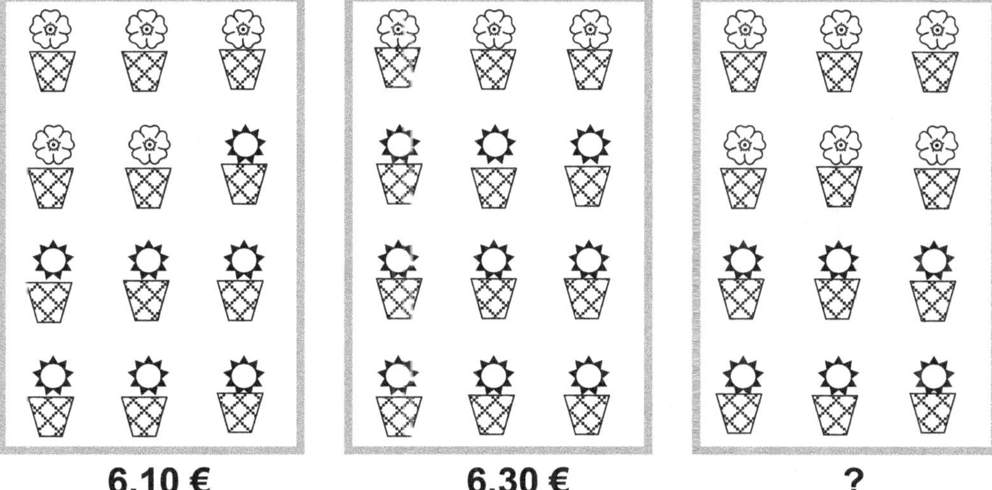

6,10 € **6,30 €** **?**

Ratkaisu Seuraavassa kaikki hinnat ilmoitetaan euroina. Merkitään yksittäisten kukkien hintoja seuraavasti:

x y

Ensimmäinen laatikko **5** **7** hinta $\mathbf{5}x + \mathbf{7}y$

Toinen laatikko **3** **9** hinta $\mathbf{3}x + \mathbf{9}y$

Annettujen hintojen mukaan saadaan yhtälöpari

$$\begin{cases} 5x + 7y = 6{,}10 \\ 3x + 9y = 6{,}30 \end{cases}$$

Laskin antaa yhtälöparille ratkaisun

$$\begin{cases} x = 0{,}45 \\ y = 0{,}55 \end{cases}$$

Kolmas laatikko **6** **6** hinta $\mathbf{6} \cdot 0{,}45 + \mathbf{6} \cdot 0{,}55 = 6$

Vastaus Kolmas kukkaerä maksaa 6,00 €.

Esimerkki Oheinen diagrammi kuvaa Olympialaisten 1896 - 2016 kolmiloikan voittotuloksia. Esimerkiksi vuoden 1920 olympiavoittaja oli *Vilho "Ville" Tuulos* tuloksella 14,505.

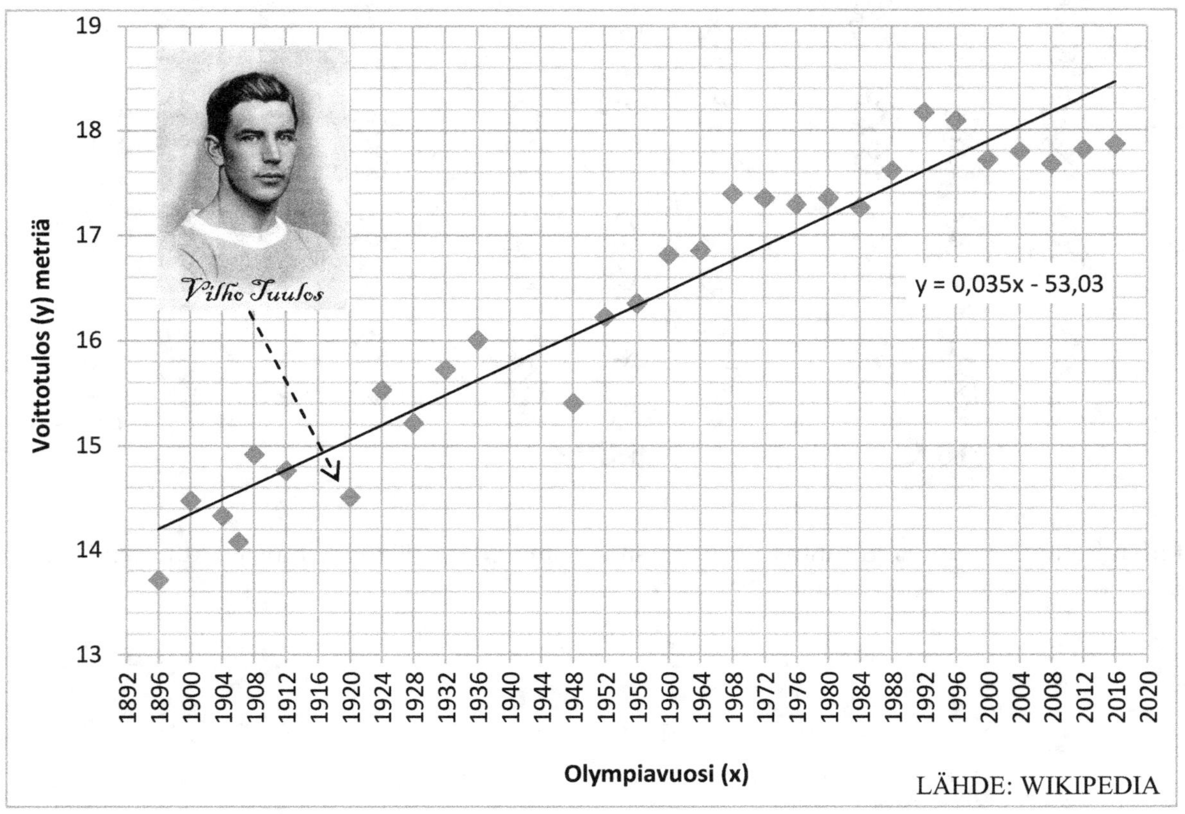

Excel on sovittanut hajontakuvioon suoran ja ilmoittaa sen yhtälöksi $y = 0{,}035x - 53{,}03$. **a)** Kuinka paljon voittotulos on lineaarisen mallin mukaan keskimäärin parantunut yhden olympiadin eli neljän vuoden aikana? **b)** Ennusta lineaarisen mallin avulla vuoden 2020 olympialaisten voittotulos. **c)** Onko oheisen lineaarisen mallin mukaan mahdollista ennustaa voittotulos vuonna 2100?

Ratkaisu a) Kulmakertoimesta näkyy kuinka paljon y muuttuu, kun x kasvaa yhden yksikön. Tässä tapauksessa y kasvaa 0,035 m, kun x kasvaa yhden vuoden. Siten y kasvaa neljässä vuodessa

$$4 \cdot 0{,}035 \text{ m} = 0{,}14 \text{ m} = 14 \text{ cm}.$$

b) Sijoitetaan suoran yhtälöön $x = 2020$. Vastaava

$$y = 0{,}035 \cdot 2020 - 53{,}03 = 17{,}67 \text{ (m)}.$$

c) Lineaarinen malli ei voi päteä loputtomasti. Vuoden 2100 tulosta ei ole järkevää ennustaa lineaarisen mallin mukaan.

Vastaus a) Voittotulos on kasvanut keskimäärin 14 cm yhden olympiadin aikana. **b)** Vuoden 2020 tulosennuste on 17,67 m. **c)** Lineaarinen malli tuskin toimii vuonna 2100.

Esimerkki Suorat $y = 3x - 1$, $x + y = 3$ ja $x = -1$ rajoittavat kolmion. Määritä kolmion kärkipisteet. Piirrä kuva.

Ratkaisu Viimeinen yhtälö esittää suoraa, jonka jokaisen pisteen x koordinaatti on –1. Kysymyksessä on siis kohdalla –1 kulkeva pystysuora.

$$\begin{cases} y = 3x - 1 \\ x + y = 3 \end{cases}$$

$$x + (3x - 1) = 3$$

$$4x = 4$$

$$x = 1$$
$$y = 3 \cdot 1 - 1 = 2$$

leikkauspiste = $(1, 2)$

$$\begin{cases} y = 3x - 1 \\ x = -1 \end{cases}$$

$$y = 3 \cdot (-1) - 1 = -4$$

$$x = -1$$

leikkauspiste = $(-1, -4)$

$$\begin{cases} x + y = 3 \\ x = -1 \end{cases}$$

$$(-1) + y = 3$$

$$y = 4$$
$$x = -1$$

leikkauspiste $(-1, 4)$

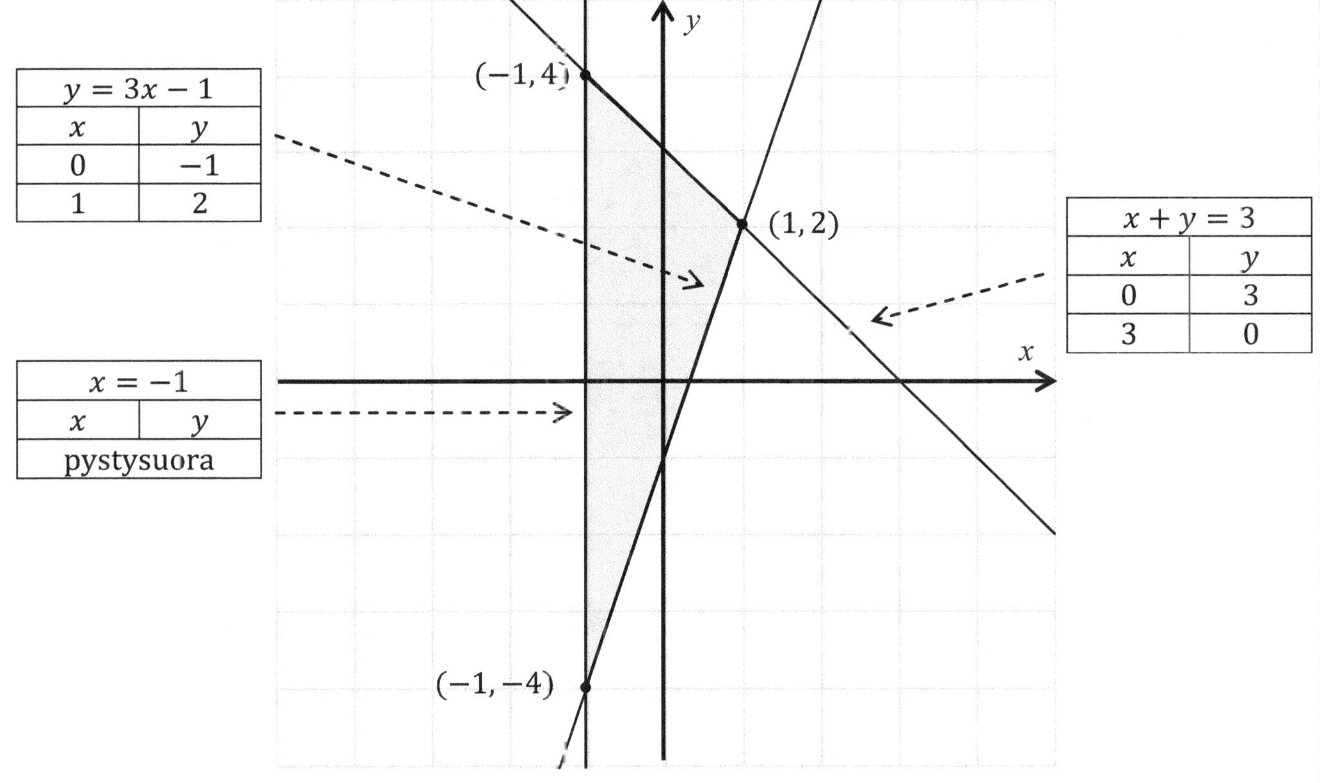

Vastaus Kolmion kärkipisteet ovat $(-1, -4)$, $(1, 2)$ ja $(-1, 4)$.

Epäyhtälön $ax + by \leq c$ ratkaiseminen

- Piirrä suora $ax + by = c$ koordinaatistoon.
- Suora jakaa koordinaatiston kahteen alueeseen.
- Epäyhtälö on voimassa toisessa näitä alueista ja myös itse suoralla.
- Selvitä "helpon" koepisteen avulla kummalla puolella epäyhtälö on voimassa. Origo on paras koepiste, ellei suora satu kulkemaan origon kautta.
- Viivoita tai väritä ratkaisualue.

Esimerkki Merkitse koordinaatistoon alue, jossa $4x + 3y \leq 6$.

Ratkaisu Piirretään reunasuora $4x + 3y = 6$. Origo tekee epäyhtälön todeksi, sillä

$$4 \cdot 0 + 3 \cdot 0 \leq 6 \qquad \text{eli} \qquad 0 \leq 6$$

on tosi. Epäyhtälö pätee siis sillä puolella suoraa, jolla origo sijaitsee.

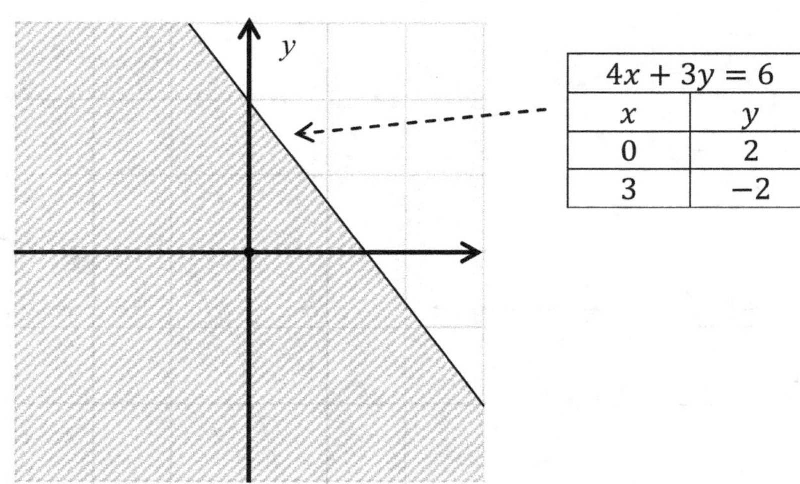

$4x + 3y = 6$	
x	y
0	2
3	−2

Vastaus Ratkaisu on oheisen kuvan viivoitettu alue, johon myös suora $4x + 3y = 6$ kuuluu.

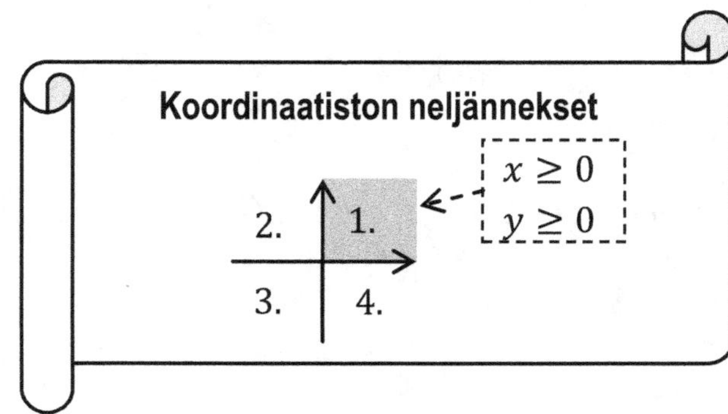

Esimerkki L Liike myy tarjouksessa 2 € ja 3 € hintaisia videoita. Henkilö ostaa lahjaksi enintään 12 videota käyttäen rahaa enintään 30 €. Minkälaiset määrät voivat tulla kysymykseen?

Ratkaisu

halvemmat	kalliimmat
♪	♫
x kpl	y kpl
$2x$ euroa	$3y$ euroa

ei-negatiiviset määrät	$x \geq 0, y \geq 0$
enintään 12 videota	$x + y \leq 12$
enintään 30 euroa	$2x + 3y \leq 30$

Kaksi ensimmäistä epäyhtälöä toteutuvat koordinaatiston *ensimmäisessä neljänneksessä.*

Epäyhtälön $x + y \leq 12$ ratkaisualue rajoittuu suoraan $x + y = 12$. Origo toteuttaa epäyhtälön, joten alueeksi tulee suora ja sen alapuoli koordinaatiston ensimmäisessä neljänneksessä.

Epäyhtälön $2x + 3y \leq 30$ ratkaisualue rajoittuu suoraan $2x + 3y = 30$. Origo toteuttaa epäyhtälön, joten alueeksi tulee suora ja sen alapuoli koordinaatiston ensimmäisessä neljänneksessä.

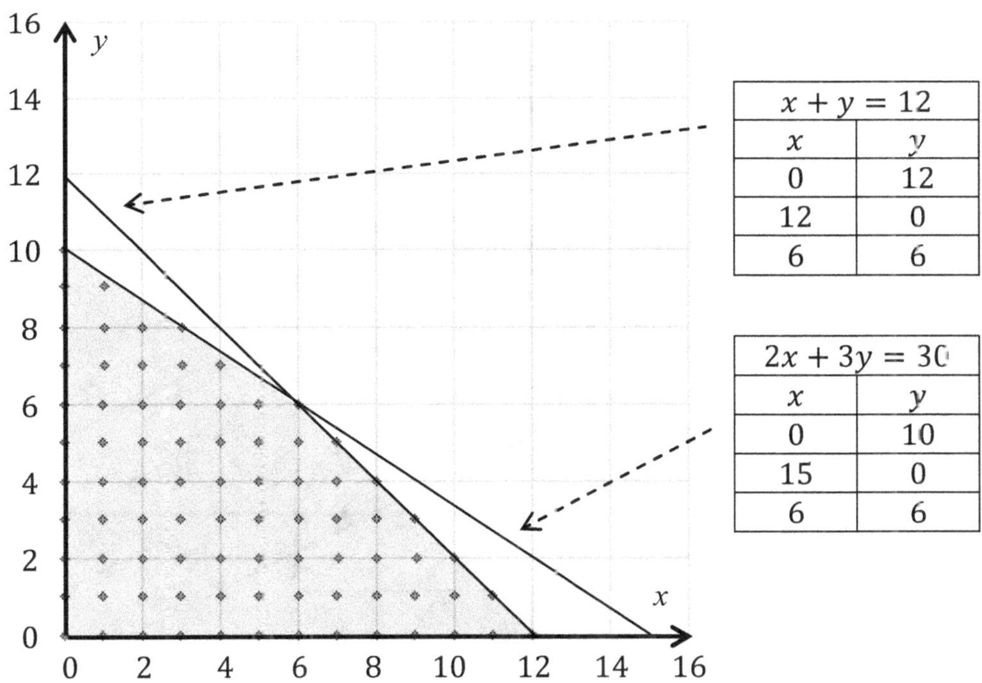

$x + y = 12$	
x	y
0	12
12	0
6	6

$2x + 3y = 30$	
x	y
0	10
15	0
6	6

Muistetaan vielä, että x ja y ovat kokonaislukuja, joten ratkaisuun otetaan mukaan ainoastaan korostetun alueen *hilapisteet*, ts. kokonaislukuparit. Ne on merkitty kuvaan.

Vastaus Kysymykseen tulevat kuvan korostetun alueen kokonaislukupareja vastaavat määrät.

Lineaarinen optimointi L

Etsitään lausekkeen $x + 2y$ suurin arvo monikulmioalueessa, jonka kärkipisteet ovat $(-1,-1), (3,-1), (3,0), (2,2)$ ja $(-1,3)$. Myös reuna kuuluu alueeseen.

Merkitään $x + 2y = c$.

Kutakin c:n arvoa vastaa yhtälö, jonka kuvaaja on suora. Kuvaan on piirretty suorat arvoilla $c = 2$, 4, 6 ja 8. Kun c kasvaa, siirtyy suora suuntansa säilyttäen ylöspäin.

”Viimeinen” aluetta koskettava suora $x + 2y = c$ osuu alueeseen kulmapisteessä $(2, 2)$. Vastaava c saadaan sijoittamalla:

$$\begin{array}{c} 2 \quad\ \ 2 \\ \downarrow \quad\ \downarrow \\ x + 2y = c \end{array}$$

$$2 + 2 \cdot 2 = c$$

$$6 = c$$

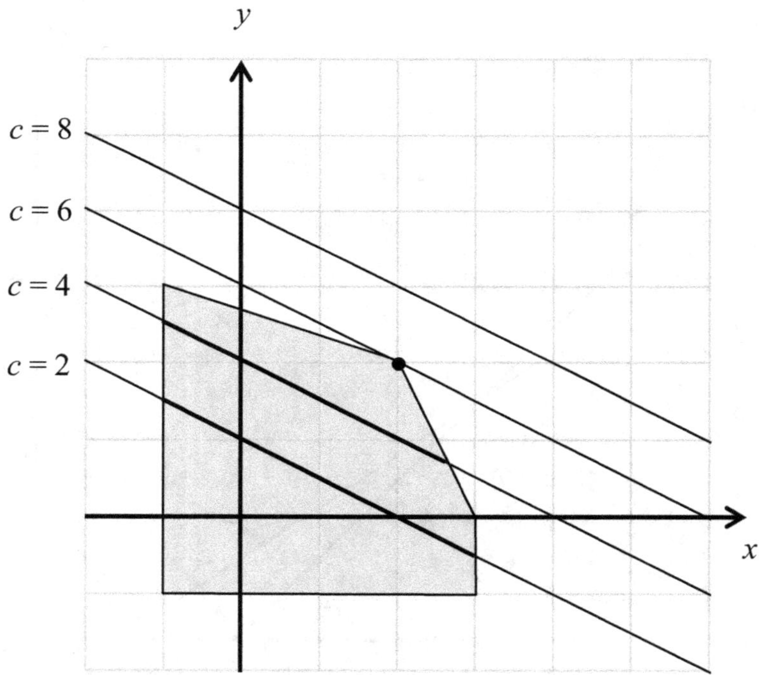

Lausekkeen $x + 2y$ eli **tavoitefunktion** suurin arvo on 6 ja se saavutetaan arvoilla $x = 2$, $y = 2$.

Esimerkki L Eläinruuat A ja B maksavat vastaavasti 6 €/pussi ja 8 €/pussi. Pussillinen A-ruokaa sisältää proteiinia 1,5 kg ja energiaa 120 MJ. Pussillinen B-ruokaa sisältää proteiinia 2,5 kg ja energiaa 100 MJ. Ruuista A ja B saatavan ravinnon tulee sisältää viikossa vähintään 15 kg proteiinia ja 900 MJ energiaa. Kuinka monta pussillista viikossa kumpaakin ruokaa kannattaa käyttää, jotta kustannukset olisivat mahdollisimman pienet?

Pohdintaa Eritellään tehtävänantoa.

- Eläinruuat A ja B maksavat vastaavasti 6 €/pussi ja 8 €/pussi.
- Pussillinen A-ruokaa sisältää proteiinia 1,5 kg ja energiaa 120 MJ.
Pussillinen B-ruokaa sisältää proteiinia 2,5 kg ja energiaa 100 MJ.
- Ruuista A ja B saatavan ravinnon tulee sisältää
viikossa vähintään 15 kg proteiinia ja 900 MJ energiaa.
- Kuinka monta pussillista viikossa kumpaakin ruokaa kannattaa käyttää,
jotta kustannukset olisivat mahdollisimman pienet?

Ratkaisu Ratkaistaan ongelma lineaarisen optimoinnin menetelmin. Merkitään A-pussien määrää x:llä ja B-pussien määrää y:llä.

	A	B	vaatimukset
määrä (pussia)	x	y	$x \geq 0, \geq 0$
proteiinia (kg)	$1,5x$	$2,5y$	$1,5x + 2,5y \geq 15$
energiaa (MJ)	$120x$	$100y$	$120x + 100y \geq 900$
			tavoite
kustannukset (€)	$6x$	$8y$	$6x + 8y$ mahdollisimman pieni

Piirretään alue vaatimusten mukaan. Merkitään $6x + 8y = c$ ja piirretään suora esimerkiksi arvolla $c = 24$. Annetaan sitten suoran liukua suuntansa säilyttäen kunnes suora osuu alueen reunaan.

$6x + 8y = 24$	
x	y
0	3
4	0

Suora ja ylöspäin liutettu suora on piirretty sinisellä seuraavan sivun kuvaan.

$120x + 100y = 900$	
x	y
0	9
7,5	0
5	3

Suora piirretään vain osittain.

$1,5x + 2,5y = 15$	
x	y
0	6
10	0
5	3

Suora piirretään vain osittain.

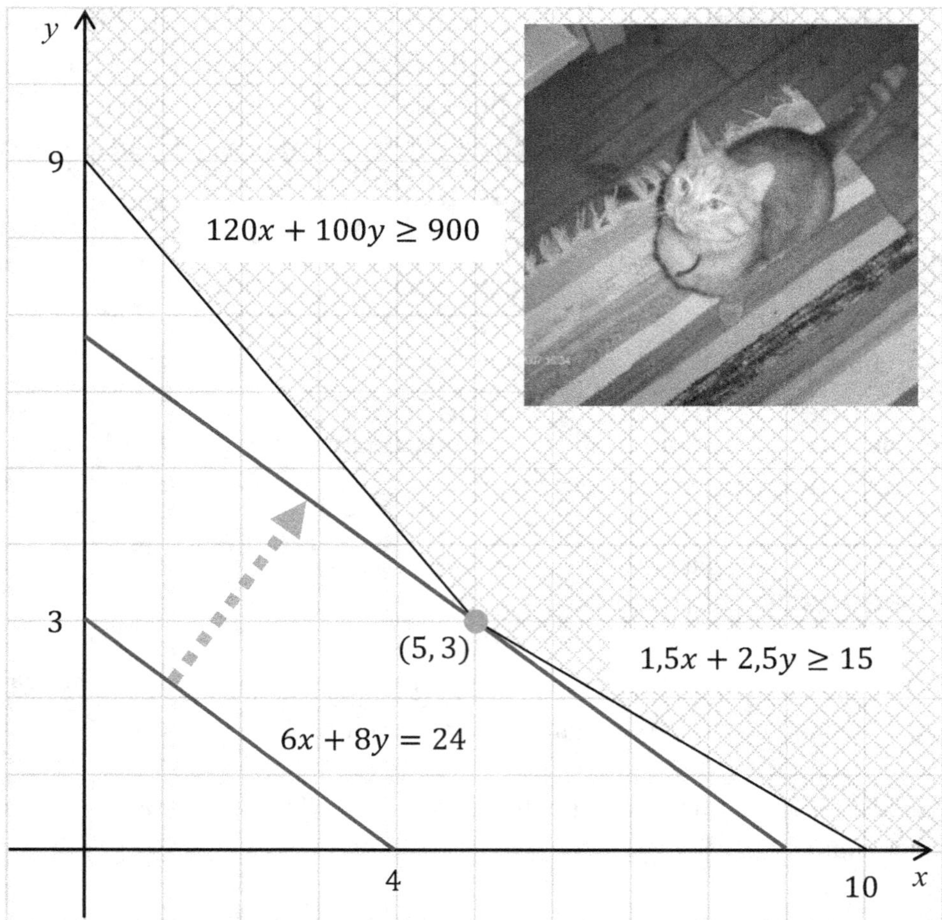

Piste (5, 3) näyttää kuvan mukaan olevan reunasuorien leikkauspiste. Asian on varmistettu ottamalla se mukaan edellisellä sivulla oleviin taulukoihin.

Epäyhtälöt $x \geq 0, y \geq 0$ rajaavat alueen koordinaatiston ensimmäiseen neljännekseen.

Epäyhtälö $1{,}5x + 2{,}5y \geq 15$ toteutuu suurilla luvuilla x ja y. Epäyhtälö toteutuu siis reunasuoralla ja sen yläpuolella.

Epäyhtälö $120x + 100y \geq 900$ toteutuu suurilla luvuilla x ja y. Epäyhtälö toteutuu siis reunasuoralla ja sen yläpuolella.

Kaikki neljä epäyhtälöä toteutuvat kuvan mukaisella ristiviivoitetulla alueella reunat mukaan lukien.

Luvun c kasvaessa, suora $6x + 8y = c$ osuu ”ensimmäisen kerran” alueeseen pisteessä (5, 3). Vastaava c on optimiarvo.

Vastaus Kannattaa käyttää 5 A-pussia, 3 B-pussia.

Harjoituksia

119^A. Ratkaise yhtälöpari $5x - 3y = -1$, $4x - y = 2$.

Ohje: Tässä yhtälöt on kirjoitettu peräkkäin. Havainnollisempaa on kirjoittaa yhtälöt allekkain. Menettele näin ja ratkaise yhtälöpari. Voit aloittaa ratkaisun kertomalla ensimmäisen yhtälön puolittain luvulla –1 ja toisen luvulla 3.

120^A. Kahden luvun summa on 5 ja erotus 2. Määritä luvut muodostamalla yhtälöpari. Tarkista tulos graafisesti.

Ohje: Merkitse lukuja x ja y. Kirjoita matematiikan kielellä "lukujen summa on 5" ja "lukujen erotus on 2". Graafinen ratkaisu sujuu piirtämällä yhtälöiden kuvaajat. Suorien leikkauspiste ilmoittaa ratkaisun.

121. Määritä kuvan suorien leikkauspisteen koordinaatit.

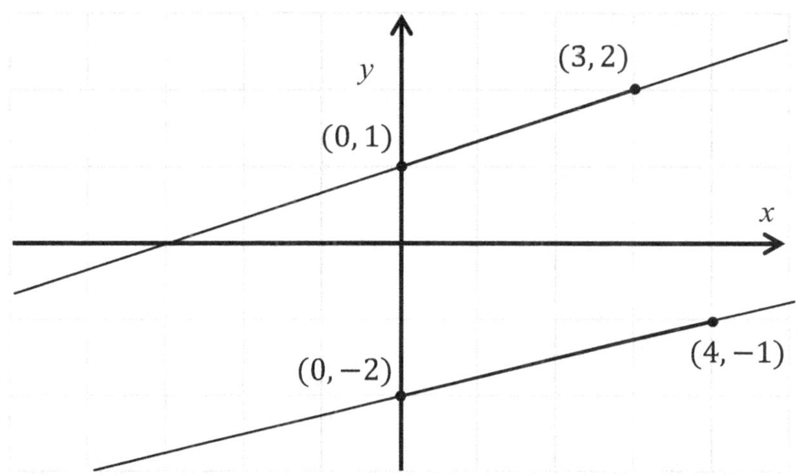

122. Ravintolassa on neljän ja seitsemän hengen pöytiä, yhteensä 30 pöytää. Niiden ääreen mahtuu 141 asiakasta. Kuinka monta neljän ja seitsemän hengen pöytää ravintolassa on?

Ohje:

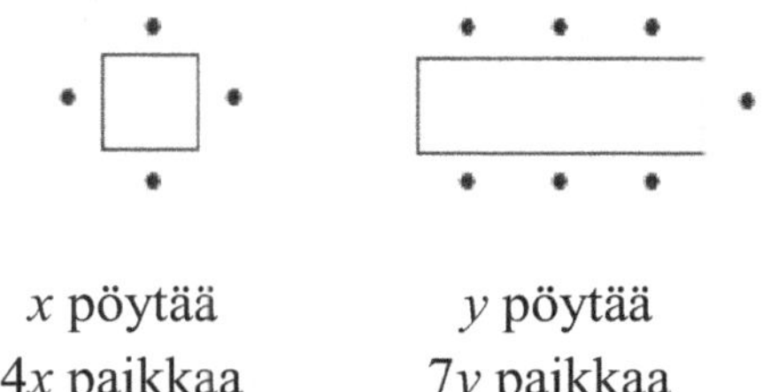

x pöytää
$4x$ paikkaa

y pöytää
$7y$ paikkaa

123. Myymäisiin on valmistettu 100 litraa simaa, joka pullotetaan 5 dl ja 7,5 dl pulloihin. Pienempi pullo myydään 50 sentillä ja suurempi 70 sentillä. Kaikki sima tekee kauppansa ja myynnistä kertyy 95 €. Kuinka monta 5 dl pulloa ja 7,5 dl pulloa myytiin?

124. Epäyhtälöt
$x \geq 0, y \geq 0, 5x + 12y \leq 60$
määräävät koordinaatistossa kolmion. Laske kolmion sivujen pituudet.

125 L. Määritä lausekkeen $x + 3y$ pienin ja suurin arvo neliössä, jonka kärkipisteet ovat $(3, 1)$, $(6, 3)$, $(4, 6)$ ja $(1, 4)$.

126 L. Ompeluseuralla on punaista villalankaa 720 g ja vihreää villalankaa 480 g. Seura kutoo niistä kahdenlaisia pipoja. A-pipoihin menee 40 g punaista ja 40 g vihreää lankaa. B-pipoihin menee 60 g punaista ja 20 g vihreää lankaa. Myyjäisissä seura saa A-pipoista 7 € ja B-pipoista 6 €. Mikä on myynnin suurin arvo ja kuinka monta A- ja B-pipoa on siihen kudottava?

Ohje:

	A-pipot	B-pipot	
• määrä (kpl)	x	y	$x \geq 0, y \geq 0$
• punaista lankaa (g)	$40x$	$60y$	$40x + 60y \leq 720$
• vihreää lankaa (g)	$40x$	$20y$	$40x + 20y \leq 480$
• tuotto	$7x$	$6y$	$7x + 6y$ mahdollisimman suuri

127 L. Matkatoimiston on kuljetettava 800 hengen seurue linja-autoilla. Käytettävissä on 25 hengen autoja, joiden vuokra on 300 €/kpl ja 40 hengen autoja, joiden vuokra on 420 €/kpl. Pienempään autoon tarvitaan yksi opas ja suurempaan kaksi opasta. Toimistolla on 36 opasta tätä matkaa varten. Kuinka monta kappaletta kumpaakin autotyyppiä kannattaa vuokrata, jotta päästäisiin mahdollisimman pienin kustannuksin?

Ohje:

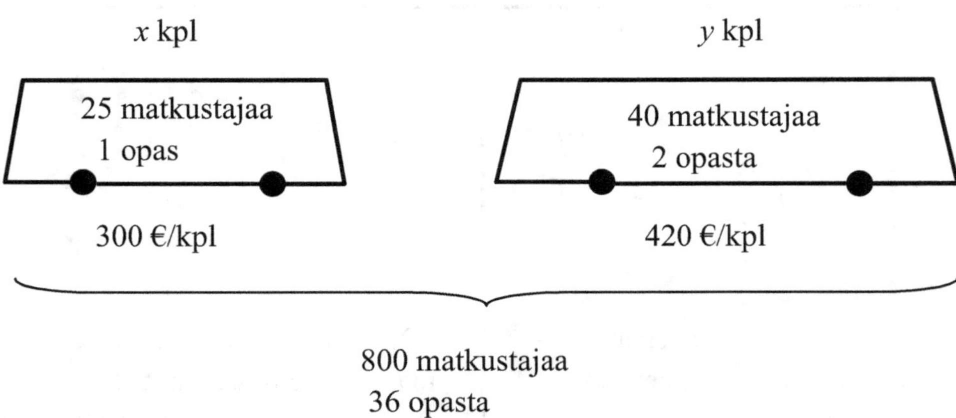

• Kuljetettava 800 hengen seurue linja-autoilla	→	$25x + 40y \geq 800$	näistä alue
• Toimistolla on 36 opasta tätä matkaa varten	→	$1x + 2y \leq 36$	
• Autoja tietenkin vähintään 0 kpl	→	$x \geq 0, y \geq 0$	

• Tavoite: mahdollisimman pienin kustannuksin → $300x + 420y$ minimoitava

8. Geometriaa tasossa

MAOL s. 24 - 26, 31.

Kulmien luokittelua

terävä kulma
alle 90°

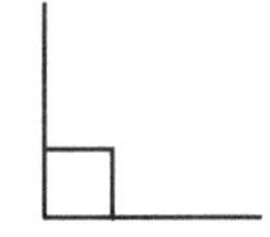

suorakulma
90°

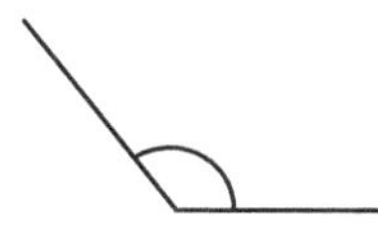

tylppä kulma
yli 90°, alle 180°

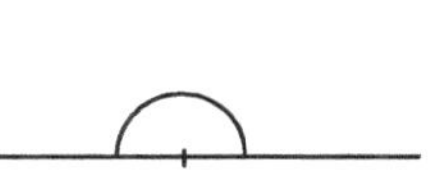

oikokulma
180°

Kolmioiden luokittelua

teräväkulmainen
kaikki kulmat alle 90°

suorakulmainen
yksi kulma 90°

tylppäkulmainen
yksi kulma yli 90°

tasakylkinen
kaksi sivua
yhtä pitkiä

tasasivuinen
kaikki sivut yhtä pitkiä
kaikki kulmat 60°

Huomaa, että MAOL s. 26 vasemman palstan kaavat koskevat tasasivuista kolmiota.

Huomaa ero

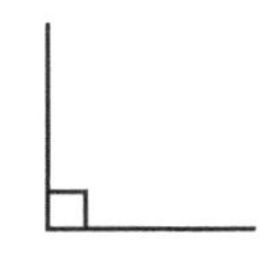

suora kulma

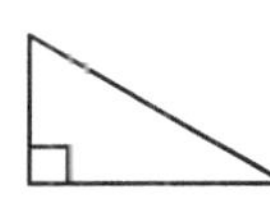

suorakulmainen kolmio

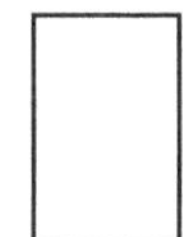

suorakulmio

Monikulmion kulmat

Kolmion kulmien summa on 180°.

n-kulmiossa on n kulmaa ja n sivua. Sen kaikkien kulmien astelukujen summa on $(n-2)\cdot 180°$.

Säännöllisen monikulmion kaikki kulmat ovat yhtä suuret ja kaikki sivut yhtä suuret. Yhden kulman suuruus saadaan jakamalla kaikkien kulmien summa kulmien lukumäärällä.

Suorakulmainen kolmio

MAOL s. 31

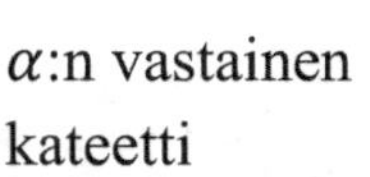

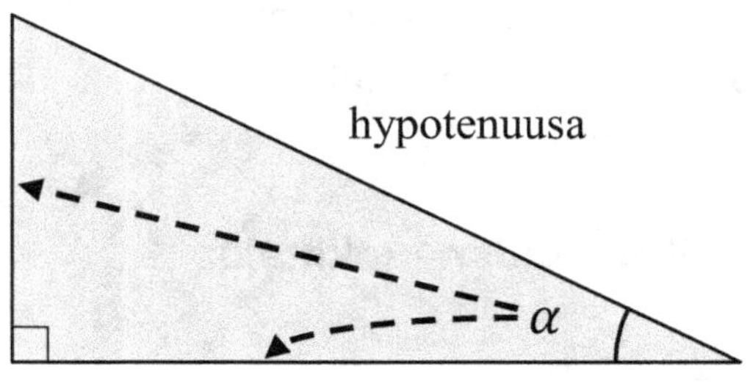

α:n viereinen kateetti

$$\sin\alpha = \frac{\alpha\text{:n vastainen katetti}}{\text{hypotenuusa}}$$

$$\cos\alpha = \frac{\alpha\text{:n viereinen katetti}}{\text{hypotenuusa}}$$

$$\tan\alpha = \frac{\alpha\text{:n vastainen katetti}}{\alpha\text{:n viereinen katetti}}$$

Pythagoraan lause

MAOL s. 31

Olkoot a ja b suorakulmaisen kolmion kateettien pituudet ja c hypotenuusan pituus. Tällöin kateettien neliöiden summa on yhtä suuri kuin hypotenuusan neliö.

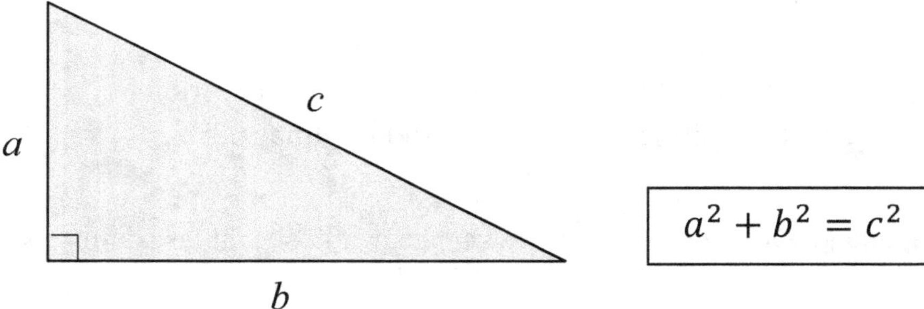

Pythagoraan lauseen käänteislause

Olkoot a, b ja c kolmion sivujen pituudet siten, että a ja b ovat pienempiä kuin c. Jos $a^2+b^2=c^2$, niin kolmio on suorakulmainen.

Yhdenmuotoisuus

Yhdenmuotoiset muotokuvat.

Kuvien mittakaava on 3 : 4. Mittakaava ilmoittaa kuvien vastinviivojen pituuksien suhteen. Vastinkulmat ovat yhtä suuret.

Yhdenmuotoisten kuvioiden pinta-alojen suhde on mittakaava potenssiin kaksi. Tässä tapauksessa tämä suhde on $(3 : 4)^2 = 9 : 16$.

Kolmioiden yhdenmuotoisuus

Kaksi kolmiota on yhdenmuotoisia, jos toisessa on kaksi yhtä suurta kulmaa kuin toisessa. Tämä ominaisuus lyhennetään **kk**.

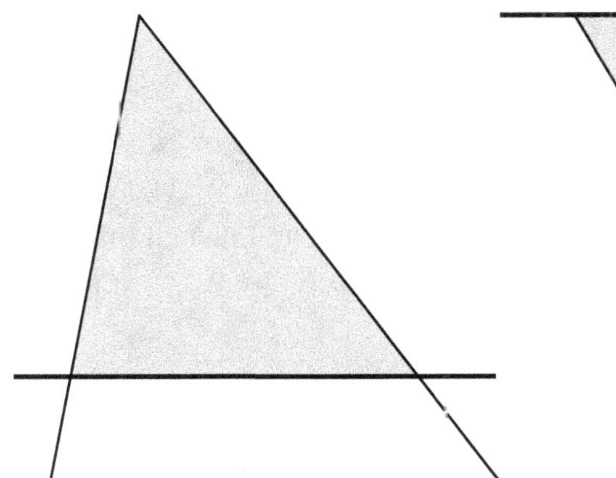

Kolmion sivun suuntainen suora erottaa yhdenmuotoisen kolmion.

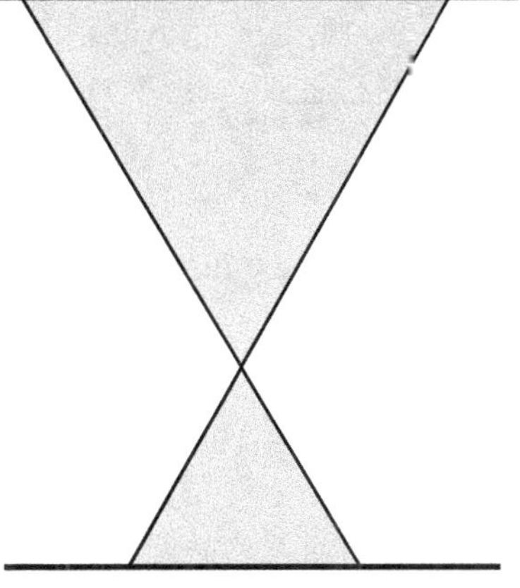

Yhdensuuntaiset suorat ja yhdenmuotoiset kolmiot.

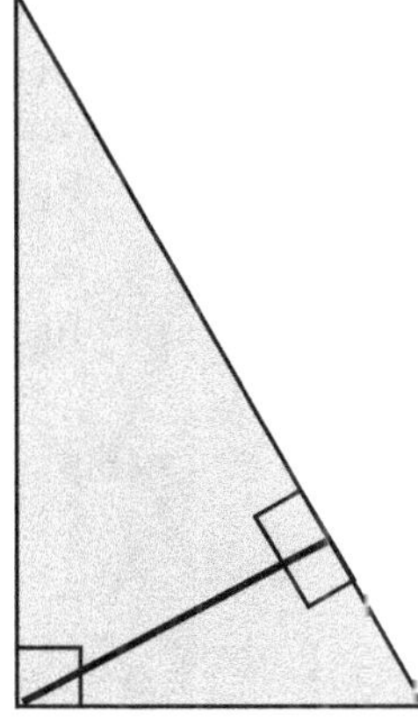

Kolme yhdenmuotoista kolmiota: alkuperäinen ja kaksi pienempää.

Esimerkki[A] Suorakulmion muotoisen oven leveys on 132 cm ja korkeus 224 cm. Mahtuuko ovesta neliön muotoinen taipumaton ohut levy, jonka sivu on 256 cm?

Ratkaisu Havainnollistetaan tilannetta kuvan avulla.

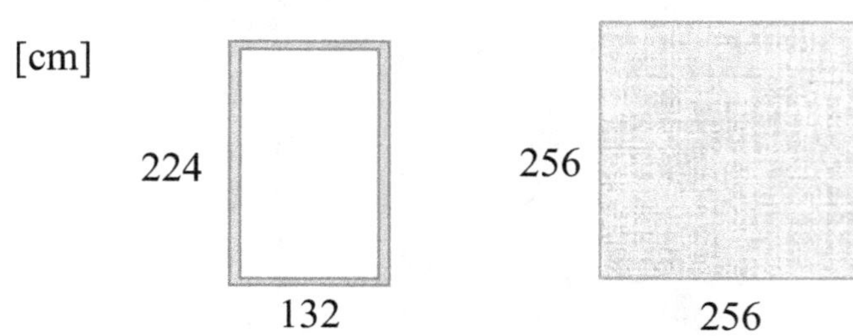

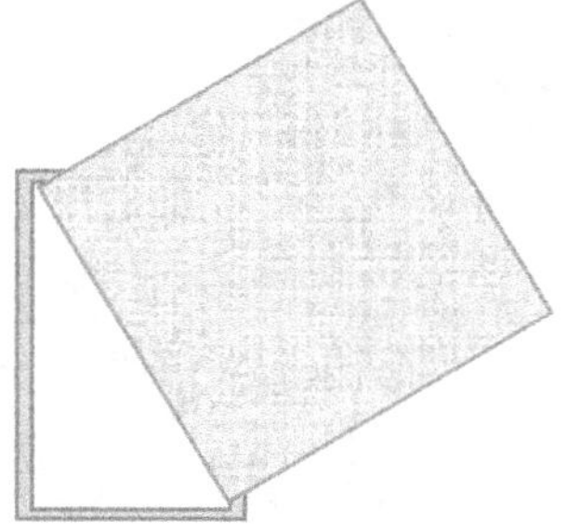

Kuvan mukaan oven lävistäjä on hiukan pitempi kuin levyn sivu, jolloin levy mahtuisi ovesta. Kuva on ainoastaan luonnos, joten selvitämme asian laskemalla. Suoraan kaavan MAOL s. 25 mukaan

$$\text{oven lävistäjä} = \sqrt{132^2 + 224^2} = 260 > 256$$

Vastaus Levy mahtuu ovesta.

Esimerkki[A] Ympyrän säde on 10 cm. Ympyrään piirretään jänne, jonka pituus on 16 cm. Määritä jänteen etäisyys ympyrän keskipisteestä.

Ratkaisu Piirretään etäisyyttä vastaava jana ja merkitään sen pituutta x:llä. Etäisyysjana puolittaa jänteen. Täydennetään kuvio suorakulmaiseksi kolmioksi ja sovelletaan Pythagoraan lausetta.

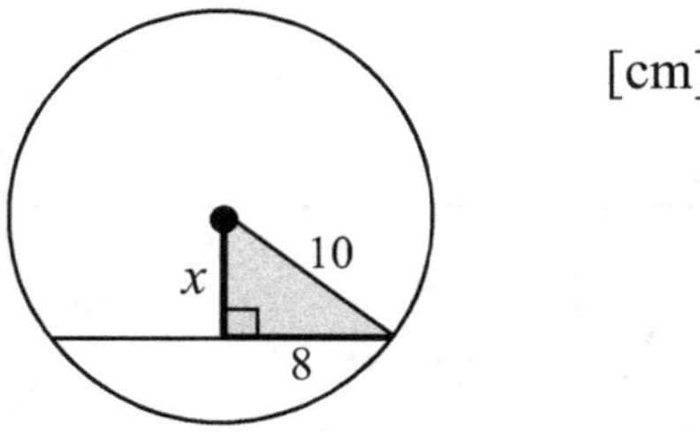

[cm]

Kuvan mukaisessa piirroksessa x on kysytty etäisyys. Lasketaan x Pythagoraan lauseen mukaan.

$$x^2 + 8^2 = 10^2$$

$$x^2 = 100 - 64$$

$$x^2 = 36$$

$$x = \pm\sqrt{36} = \pm 6 \quad \text{(miinus ei kelpaa)}$$

YHTÄLÖN KIRJOITTAMINEN KANNATTAA ALOITTAA TUNTEMATTOMASTA SIVUSTA.

Vastaus Jänteen etäisyys keskipisteestä on 6 cm.

Esimerkki Kolmion sivujen pituudet ovat 252, 275 ja 373. Onko kolmio suorakulmainen?

Ratkaisu Sovelletaan Pythagoraan lauseen käänteislausetta. Pisin sivu valitaan "hypotenuusaehdokkaaksi" ja tutkitaan, onko Pythagoraan yhtälö voimassa.

$$252^2 + 275^2 = 139129$$

$$373^2 = 139129$$

} yhtä suuret

Vastaus Kolmio on suorakulmainen.

Esimerkki Harjakattoisen rakennuksen pääty on symmetrinen. Räystäät ovat 2,1 metrin korkeudella maasta, ja niiden välimatka on 5,4 m. Rakennuksen harjakorkeus on 4,8 m. Määritä katon lappeen pituus eli matka harjalta räystääseen.

Ratkaisu Katon lappeet ja räystäiden päät muodostavat tasakylkisen kolmion, jonka kannan puolikas on 2,7 m ja korkeus 4,8 m – 2,1 m = 2,7 m. Merkitään kysyttyä lappeen pituutta x:llä. Muodostetaan kuvan mukainen suorakulmainen kolmio.

Sovelletaan Pythagoraan lausetta.

$$x^2 = 2{,}7^2 + 2{,}7^2$$

$$x^2 = 14{,}58$$

$$x = \pm\sqrt{14{,}58} = \pm 3{,}818 \ldots \approx \pm 3{,}8$$ (miinus ei kelpaa)

Vastaus Katon lappeen pituus on 3,8 m.

Esimerkki Rantakaavassa määrätään, että 30 m lähemmäksi rantaa ei saa rakentaa. Kaava-alueella on tasasivuisen kolmion muotoinen saari, jonka sivu on 100 m. Saako sille rakentaa?

Pohdintaa *Kolmion sisään piirretyllä ympyrällä* tarkoitetaan ympyrää, joka sivuaa jokaista kolmion sivua. Taulukkokirjasta löytyy asiaan liittyvä kuva ja kaavoja. MAOL s. 24, 26 vasen palsta

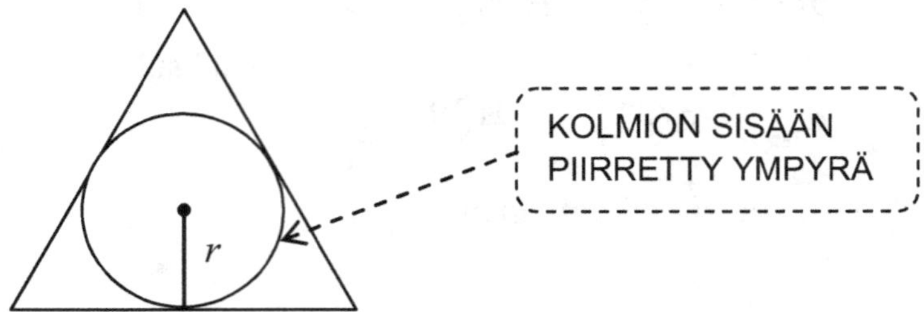

Ratkaisu Kolmion sisään piirretyn ympyrän keskipiste on yhtä kaukana jokaisesta sivusta. Kaikista muista kolmion pisteistä on jollekin sivulle vähemmän matkaa. Sovelletaan tasasivuisen kolmion sisään piirretyn ympyrän säteen kaavaa. Kolmion (saaren) sivu on 100 m, joten säde on

$$r = \frac{100\sqrt{3}}{6} = 28{,}867\ldots \approx 29 \quad \text{(m)}$$

Tämä on vähemmän kuin vähimmäisetäisyys 30 m, joten saarelle ei saa rakentaa. Huomautus: Vaikka tulokseksi olisi saatu esimerkiksi 32 m, ei rakentaminen silti olisi mahdollista, koska rakennus vie oman tilansa.

Vastaus Saarelle ei saa rakentaa.

Esimerkki Tasamaalla kasvavan pystysuoran puun varjon pituus on 37 metriä, kun aurinko näkyy 28°:n kulmassa horisontin yläpuolella. Mikä on puun pituus? LÄHDE: YLIOPPILASKOE S 1999.

Ratkaisu

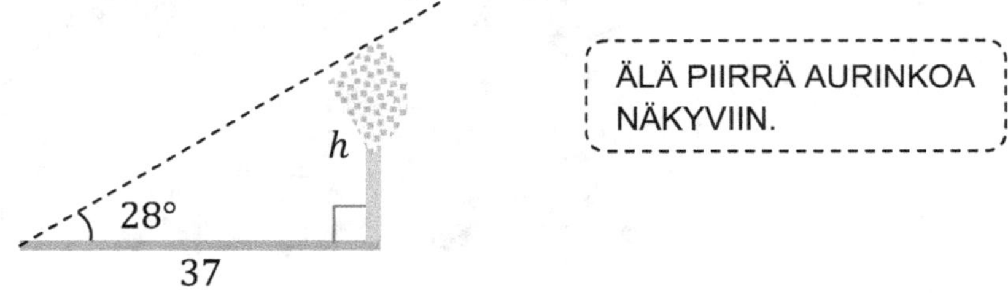

Puu, varjo ja ”ensimmäinen” latvan ohi päässyt auringonsäde muodostavat suorakulmaisen kolmion. Ratkaistaan siitä puun korkeus h trigonometrian avulla.

$$\frac{h}{37} = \tan 28°$$

$$h = 37 \cdot \tan 28° = 19{,}673\ldots \approx 20 \quad \text{(m)}$$

Vastaus Puun pituus on 20 m.

Esimerkki Kuinka suuressa kulmassa Kuu näkyy Maasta. Kuun säde on 1738 km. Oletetaan, että Kuuta tarkkaillaan pisteestä, jonka etäisyys kuun keskipisteestä on 378 000 km.

Ratkaisu Piirretään havainnollinen kuva ja lasketaan aluksi kysytyn kulman puolikas α.

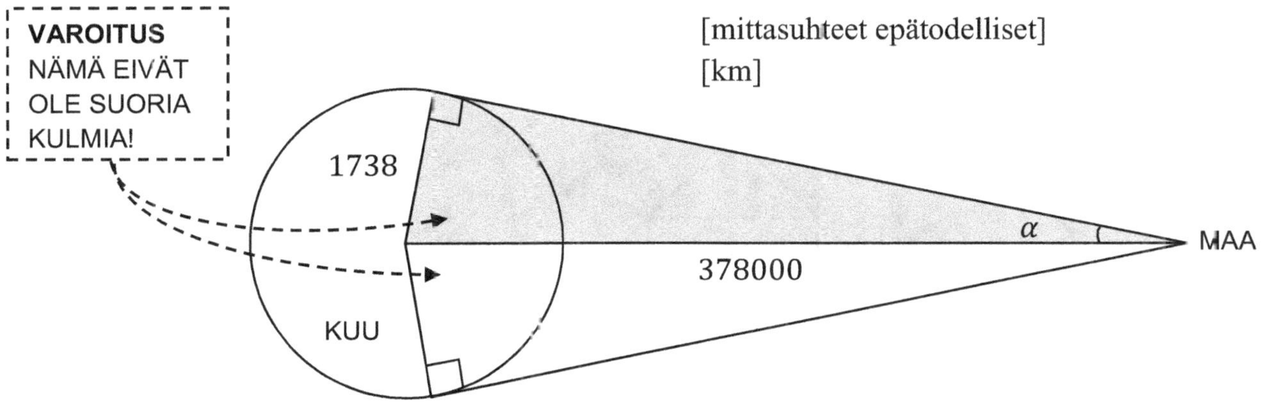

Sovelletaan suorakulmaisen kolmion trigonometriaa.

$$\sin\alpha = \frac{1738}{378000}$$

$$\alpha = \sin^{-1}\frac{1738}{378000} = 0{,}263\ldots$$

$$2\alpha = 0{,}526\ldots \approx 0{,}53 \quad \text{(astetta)}$$

KUN KYSYTÄÄN KULMAA, KÄYTÄ TRIGONOMETRISEN FUNKTION "KÄÄNTEISNÄPPÄINTÄ".

Vastaus Kuu näkyy 0,53° kulmassa.

Esimerkki[A] Olkoot a ja b positiivisia lukuja. Tutki epäyhtälön $\sqrt{a^2+b^2} < a+b$ voimassaoloa geometrisesti. Voit ajatella, että a ja b ovat suorakulmaisen kolmion kateettien pituudet.

Ratkaisu Olkoot a ja b ovat suorakulmaisen kolmion kateettien pituudet. Pythagoraan lauseen mukaan hypotenuusalle c on voimassa

$$c^2 = a^2 + b^2$$

$$c = \pm\sqrt{a^2+b^2} \quad \text{(miinus ei kelpaa)}$$

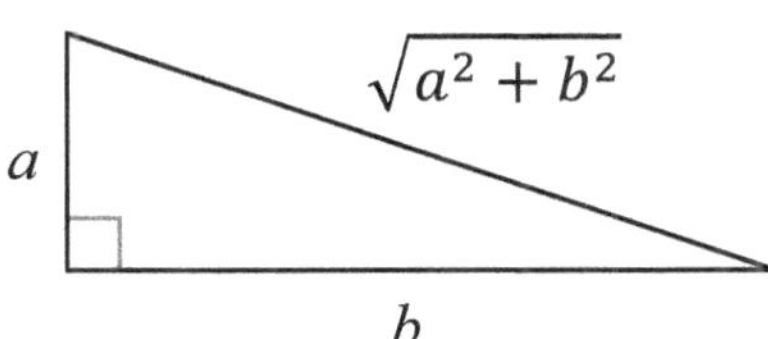

Jokaisessa kolmiossa sivu on pienempi kuin kahden muun sivun summa. Niinpä hypotenuusa on lyhyempi kuin kateettien summa, joten *kaikilla positiivisilla luvuilla a ja b* pätee

$$\sqrt{a^2+b^2} < a+b.$$

Esimerkki[A] Tasakylkisen kolmion kanta on 6 cm ja sitä vastaava korkeus 3 cm. Kolmion sisään asetetaan neliö siten, että yksi neliön sivuista on kantasivulla ja vastakkaisen sivun kärkipisteet kyljillä. Laske neliön sivu.

Ratkaisu Piirretään kuvio. Neliön ylempi sivu erottaa alkuperäisestä kolmiosta yhdenmuotoisen kolmion (kk). Merkitään neliön sivua x:llä.

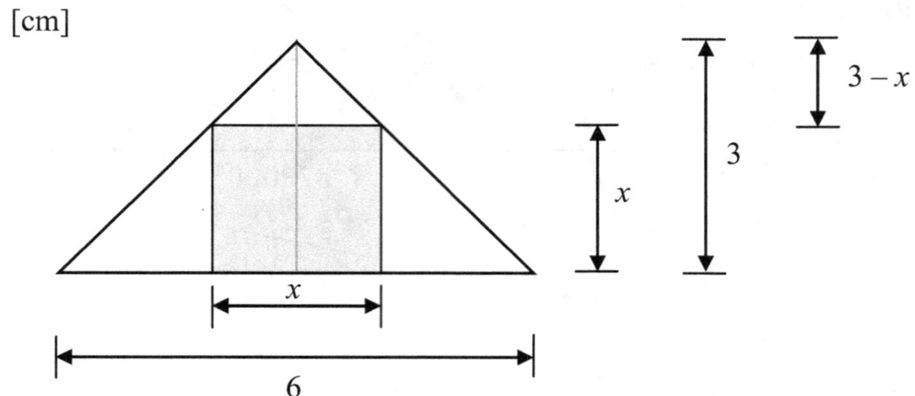

Yhdenmuotoisten kuvioiden vastinjanat ovat verrannolliset. Muodostetaan siis verranto.

$$\frac{\text{pienen kolmion kanta}}{\text{suuren kolmion kanta}} = \frac{\text{pienen kolmion korkeus}}{\text{suuren kolmion korkeus}}$$

$$\frac{x}{6} = \frac{3-x}{3}$$ KERROTAAN RISTIIN

$$3x = 6(3-x)$$

$$3x = 18 - 6x$$

$$3x + 6x = 18$$

$$9x = 18$$

$$x = \frac{18}{9} = 2$$

Vastaus Neliön sivu on 2 cm.

Esimerkki[A] Kartan mittakaava on 1 : 20 000. Kuinka pitkä tie on luonnossa, kun se kartalla on 3 cm?

Ratkaisu 1 cm kartalla vastaa luonnossa 20000 cm = 200 m
3 cm kartalla vastaa luonnossa 3 · 200 m = 600 m

Vastaus Tien pituus on 600 m.

Esimerkki[A] Pihalle piirretyn ympyrän umpimähkäiseen kohtaan heitetään pieni kivi. Millä todennäköisyydellä kivi osuu lähemmäksi ympyrän keskipistettä kuin reunaa?

Ratkaisu Kivi osuu lähemmäksi ympyrän keskipistettä, jos se osuu samankeskiseen ympyrään, jonka säde on puolet alkuperäisen ympyrän säteestä.

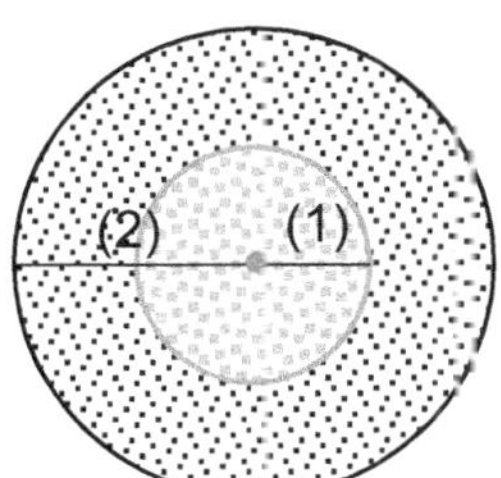

KIVEN OSUMISTA ITSE YMPYRÄVIIVALLE EI OTETA HUOMIOON.

Kaikki ympyrät ovat yhdenmuotoisia ja niiden alojen suhde = mittakaavan neliö.

Tässä tapauksessa "suotuisan" ympyrän ja alkuperäisen ympyrän mittakaava on 1 : 2, joten niiden pinta-alojen suhde on $(1 : 2)^2 = 1 : 4$. Tämä on kysytty todennäköisyys.

Vastaus Kivi osuu todennäköisyydellä ¼ lähemmäksi keskipistettä kuin reunaa.

Esimerkki Vuonna 1918 hyväksytyn lain mukaan Suomen lippujen mittasuhteet ovat oheisen kuvan mukaiset. Mitoita lipun osat, kun lipun leveys on 270 cm.

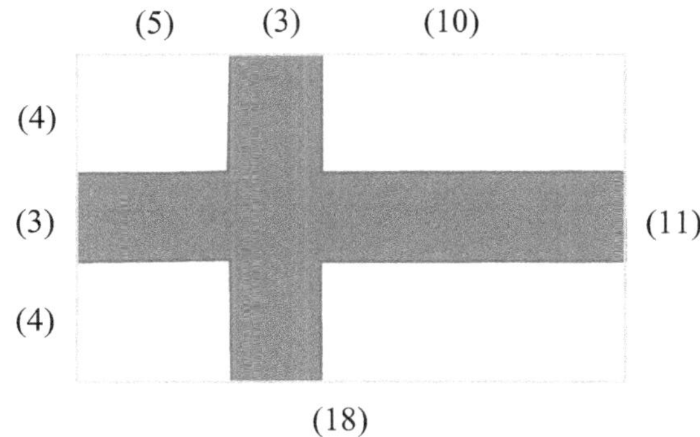

Ratkaisu Suomen liput ovat (auki levitettyinä) yhdenmuotoisia. Lippujen vastinjanat ovat siten verrannolliset. Yhtä yksikköä vastaa $\frac{270 \text{ cm}}{18} = 15$ cm, joten

lipun korkeus	$11 \cdot 15 \text{ cm} = 165 \text{ cm}$	ristin leveys	$3 \cdot 15 \text{ cm} = 45 \text{ cm}$
kenttien leveydet	$5 \cdot 15 \text{ cm} = 75 \text{ cm}$ $10 \cdot 15 \text{ cm} = 150 \text{ cm}$	kenttien korkeudet	$4 \cdot 15 \text{ cm} = 60 \text{ cm}$

Vastaus Lipun leveys on 270 cm, korkeus on 165 cm, ristin leveys on 45 cm, kenttien korkeudet ovat 60 cm, kenttien leveydet ovat 75 cm ja 150 cm.

Harjoituksia

128^A^. Kysymykset liittyvät oheiseen kuvaan. **a)** Mitä voit sanoa *ristikulmien* α ja β keskinäisestä suuruudesta? **b)** Entä *vieruskulmien* γ ja δ keskinäisestä suuruudesta? **c)** Millä suoria l_1 ja l_2 koskevalla ehdolla *samankohtaiset kulmat* β ja γ ovat yhtä suuret?

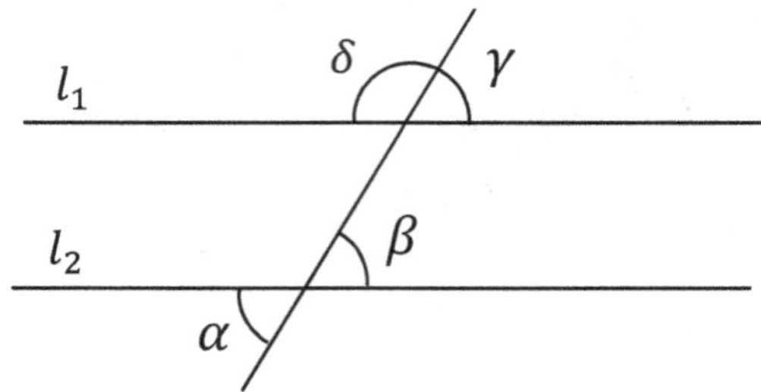

129^A^. Kolmion kulmat ovat oheisen kuvan mukaan α, β ja γ. Suora l kulkee kolmion kärjen kautta ja on kolmion sivun suuntainen. Kopioi kuva ja merkitse siihen kysymysmerkkien paikalle asianmukaiset kulmat. Mitä tämän perusteella huomaat summasta $\alpha + \beta + \gamma$?

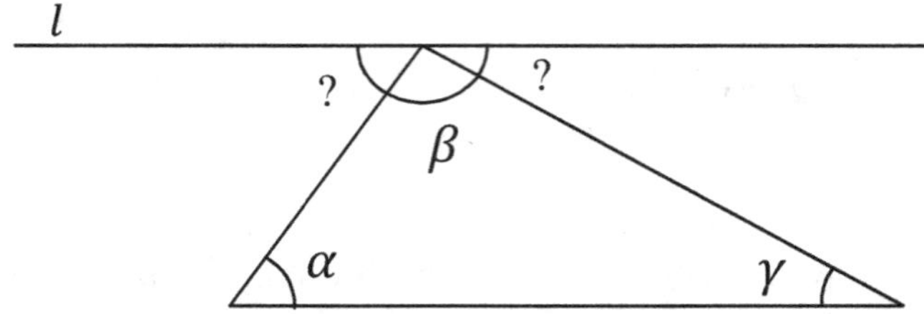

130^A^. **a)** Laske säännöllisen viisikulmion ja kuusikulmion yhden kulman suuruus. **b)** Säännölliseen kuusikulmioon piirretään keskipisteen kautta kulkevat halkaisijat, jolloin muodostuu kuusi kolmiota. Kuinka suuria ovat näiden kolmioiden kulmat?

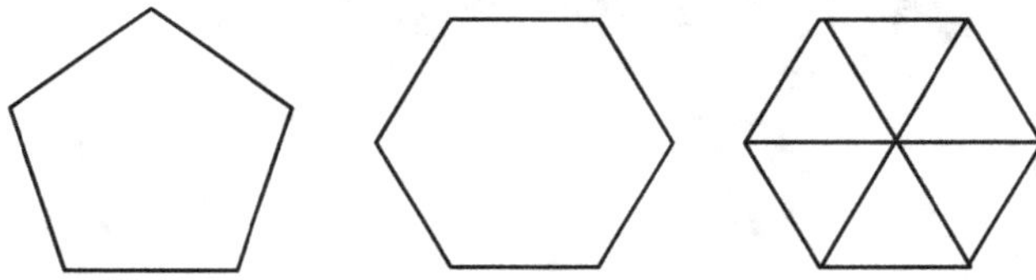

131^A^. Suorakulmaisen kolmion yksi kulma on 35°. Hypotenuusaa vastaan piirretty korkeusjana jakaa kolmion kahdeksi suorakulmaiseksi kolmioksi. Määritä näiden kolmioiden terävien kulmien asteluvut.

132^A^. Tasakylkisen kolmion huippukulma on 100°. Molemmat kantakulmat puolitetaan. Laske puolittajien välisen tylpän kulman asteluku.

133^A^. Nurmi-alue on oheisen sektorin muotoinen. Sektoria vastaavan ympyrän säde on 3 m ja kaari 6 m. Laske alueen pinta-ala.

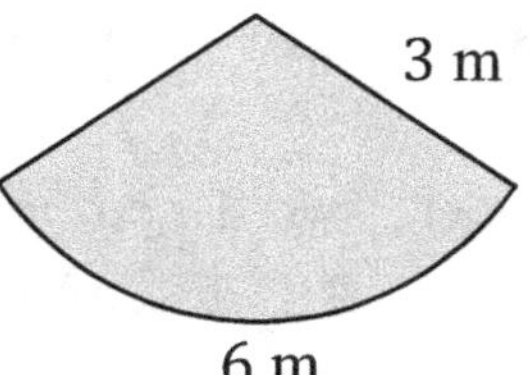

Ohje: Päässälasku! Käytä taulukkokirjasta MAOL s. 26 löytyvää kaavaa.

134^A^. Rantatontista tehdyn kartan mittakaava on 1 : 1000. **a)** Kuinka pitkä rantaviiva on todellisuudessa, kun se kartalla on 4,3 cm? **b)** Tontin pinta-ala kartalla on 28 cm^2. Kuinka suuri tontin pinta-ala on todellisuudessa?

135^A^. Kuvan mukaisten kolmioiden kannat ovat yhdensuuntaisia ja niiden pituudet ovat 3 ja 2. Määritä kolmioiden pinta-alojen suhde.

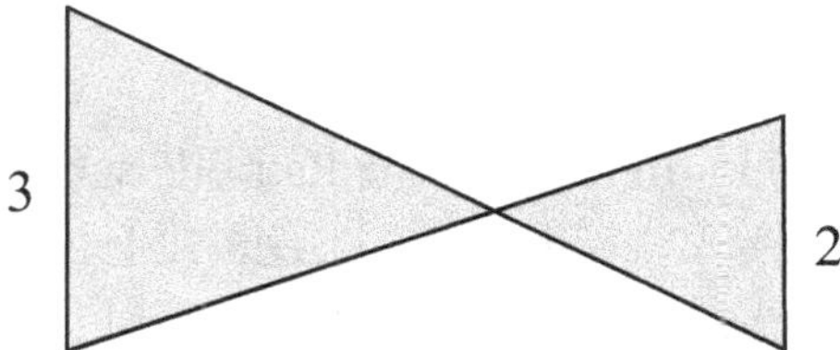

136^A^. Osoita, että kolmiossa, joka ei ole tasasivuinen, ainakin yksi kulma on suurempi kuin 60°. LÄHDE: YOLIOPPILASKOE SYKSY 1937.

137. Pidämme koordinaatistoa pihamaana. Pisteiden (3, 1), (5, 1), (5, 4) ja (3, 4) määrittämä suorakulmio olkoon pihalla seisovan talon pohja. Mikä on lyhin matka pisteestä A = (0, 2) pisteeseen B = (6, 3), kun talon läpi ei voi kulkea?

138. Lentokentän kiitoradan pituus on 5600 metriä. Kiitoradan kummankin pään yläpuolella on lentokone, toinen 300 metrin ja toinen 1800 metrin korkeudella. Määritä koneiden etäisyys.

139. Tarkoituksena on taittaa neliön muotoisesta kankaasta kolmioliina, jolla voi tukea loukkaantunutta kättä. Kuinka pitkä on neliön sivun oltava, jotta lävistäjän pituus olisi 136 cm?

140. Retkeilijä samoilee erämaassa, joka on likimain neliön muotoinen. Alueen sivu on 6 km ja se rajoittuu etelä- ja itäreunassa tiehen. Retkeilijä nyrjäyttää jalkansa satunnaisessa paikassa. Millä todennäköisyydellä epäonni kohtaa enintään kilometrin päässä tiestä?

Ohje: Piirrä alue ruutujen mukaan.

141. Kuinka kauaksi merelle näkyy kirkkaalla ilmalla meren rannalta 1,6 metrin korkeudelta? Maapallon säde on 6370 km. (Laske suora etäisyys katsojan silmistä horisonttiin.)

Näkymä merelle.

142. Riistakolmiolla tarkoitetaan luontoon ajateltua tasasivuista kolmiota, jonka sivu on 4 km. Erään riistakolmion sisäpuolella laskettiin olevan 56 hirveä. Kuinka monta hirveä oli neliökilometriä kohti?

143. Piha-alue on kuvan mukainen puolisuunnikas. Laske sen pinta-ala

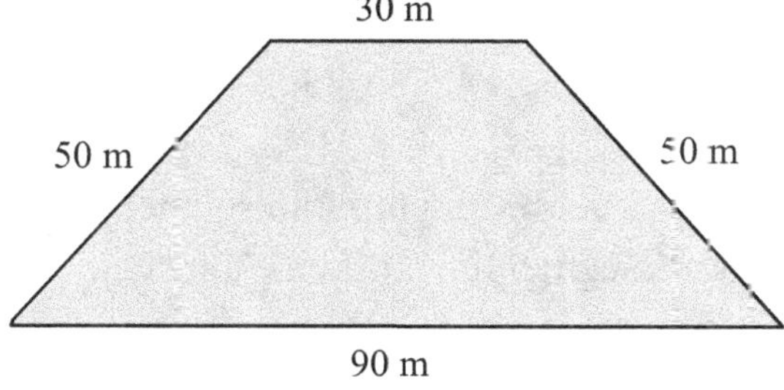

144. Linnunradan keskustassa on musta aukko, *Sagittarius A**, jonka etäisyys aurinkokunnastamme on 26 000 valovuotta. Aurinkokuntamme kiertää keskustaa ympyrärataa. Laske kiertoradan pituus metreinä, kun 1 valovuosi on 9,46055 Pm.

145. Liikennemerkki varoittaa jyrkästä alamäestä. Merkintä 7 % tarkoittaa, että tie laskee 7 yksikköä jokaista vaakasuuntaan mitattua 100 yksikön matkaa kohti. Määritä 7 % jyrkkyyttä vastaava kaltevuuskulma asteina.
LÄHDE: LIINENNEVIRASTO

146. Vaakasuoralla torilla seisovan obeliskin varjon pituus on 7 m. Turisti arvioi auringon säteiden kohtaavat torin pinnan 55 - 65 asteen kulmassa. Kuinka korkeaksi turisti voi näiden tietojen perusteella arvioida obeliskin?

Obeliski Pantheonin liepeillä Roomassa.

147. Varaston pohja on muodoltaan suorakulmio, jonka pituus on 14,0 m ja leveys on 9,0 m. Varastossa suoritetaan seinien sisäpuolinen lisäeristys, jolloin seinät tulevat 10 cm paksummiksi. Kuinka monta neliömetriä pinta-alaa tällöin menetetään?

148. Kaksikymmentä ihmistä aikoo käydä ympyrän muotoiseen piiriin. Määritä ympyrän halkaisijan pituus, kun yksi henkilö vie tilaa ½ metrin mittaisen kaaren verran.

149. Kaupungin läpi johtavalla tiellä voi ajaa keskimäärin 40 km/h ja kehätiellä 70 km/h. Läpikulkutie ja kehätie muodostavat likimain puoliympyrän. Autoilija lähestyy kaupunkia ja saapuu läpikulkutien ja kehätien risteykseen. Kumpaa reittiä pääsee nopeammin vastakkaiseen risteykseen kaupungin toiselle puolelle?

Ohje: Merkitse puoliympyrän sädettä *r*:llä.

150. Avaruusalus kiertää maata ympyrärataa. Aluksen korkeutta nostetaan 20,0 km. Kuinka paljon kiertorata pitenee?

Ohje: Olkoon alkuperäisen radan säde r. Tällöin uuden radan säde on $r + 20$.

151. Urosahman elinalue on noin 400 km^2. Laske alueen ympärysmitta, jos se on muodoltaan likimain **a)** neliö, **b)** ympyrä.

152. Kuvassa olevan ympyrän segmentti on piirretty ruudukkoon, jossa ruudun sivun oletetaan olevan 1 cm. Segmentin "korkeus" on siten 1 cm ja segmenttiä vastaava jänne 6 cm.

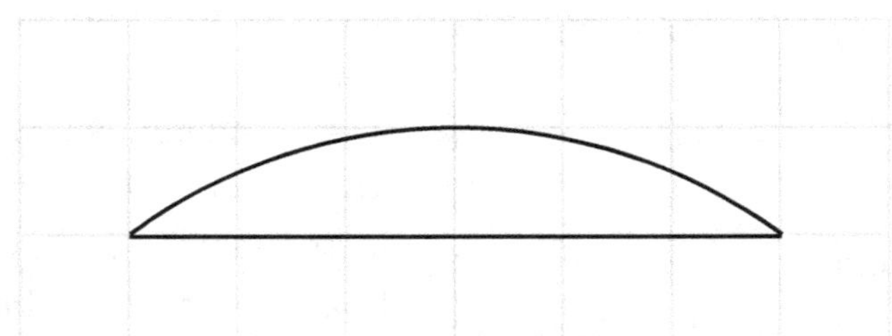

a) Määritä sen ympyrän säde, josta segmentti on lähtöisin. **b)** Laske segmentin pinta-ala.

153. Muinaiset babylonialaiset laskivat neliön lävistäjän kertomalla sivun pituuden luvulla $\sqrt{2}$. Eräästä savitaulusta ilmenevät seuraavat 60-järjestelmän mukaiset merkinnät:

sivu		=	30
lävistäjä		=	$42+\frac{25}{60}+\frac{35}{60^2}$
$\sqrt{2}$		=	$1-\frac{24}{60}+\frac{51}{60^2}+\frac{10}{60^3}$

Ilmoita mitat ja $\sqrt{2}$ tavallisina desimaalilukuina. Kuinka monta prosenttia poikkesi babylonialaisten ilmoittama lävistäjän pituus oikeasta?

Heronin kaava

Kun tunnetaan kolmion kaikkien sivujen pituudet, saadaan kolmion pinta-ala näppärästi *Heronin kaavan* avulla. Se ehkä näyttää hankalalta, mutta ei ole sitä. Lasketaan esimerkkinä oheisen kolmion pinta-ala.

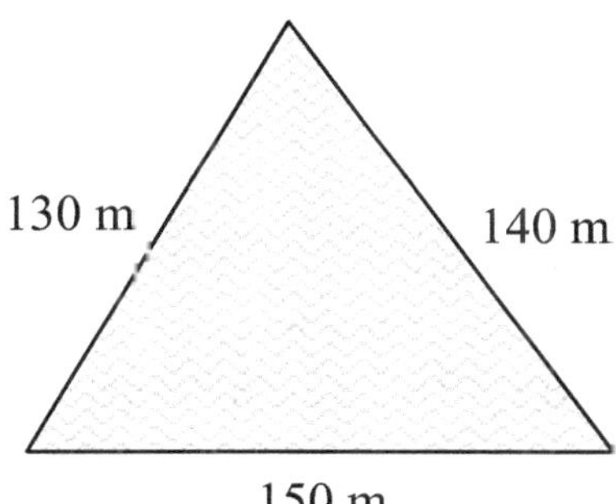

Lasketaan aluksi kolmion piirin puolikas p. Vähennetään sitten siitä vuoronperään sivujen pituudet. Pituuden yksiköt ovat metrejä.

$$p=\frac{130+140+150}{2}=\boxed{210}$$

$$p-130=210-130=\boxed{80}$$

$$p-140=210-140=\boxed{70}$$

$$p-150=210-150=\boxed{60}$$

Kerrotaan keskenään nämä neljä lukua ja otetaan tulosta neliöjuuri.

$\sqrt{210\cdot 80\cdot 70\cdot 60}=8400$ ⟶ kolmion pinta-ala on $\boxed{8400\ \text{m}^2}$

9. Geometriaa kolmessa ulottuvuudessa

MAOL s. 27 - 28

Piirtäminen neliöruutujen avulla

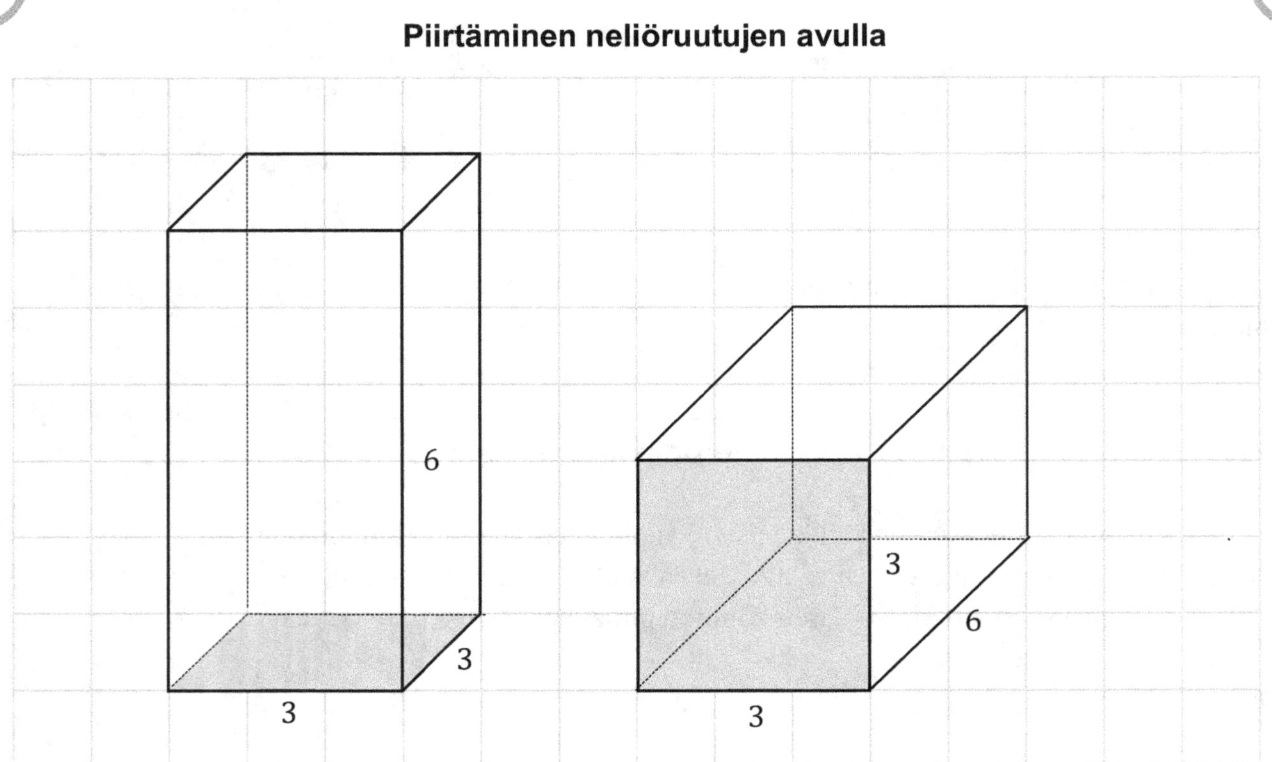

Suorakulmainen särmiö kahdessa eri asennossa. Piirustustason suuntaisten janojen pituudet säilyvät muuttumattomina. Piirustustasoa vastaan kohtisuorassa olevat janat näkyvät 45° kulmassa. Niiden pituus kutistuu siten, että ruudun lävistäjä vastaa kolmea ruudun sivua.

Yhdenmuotoisuus

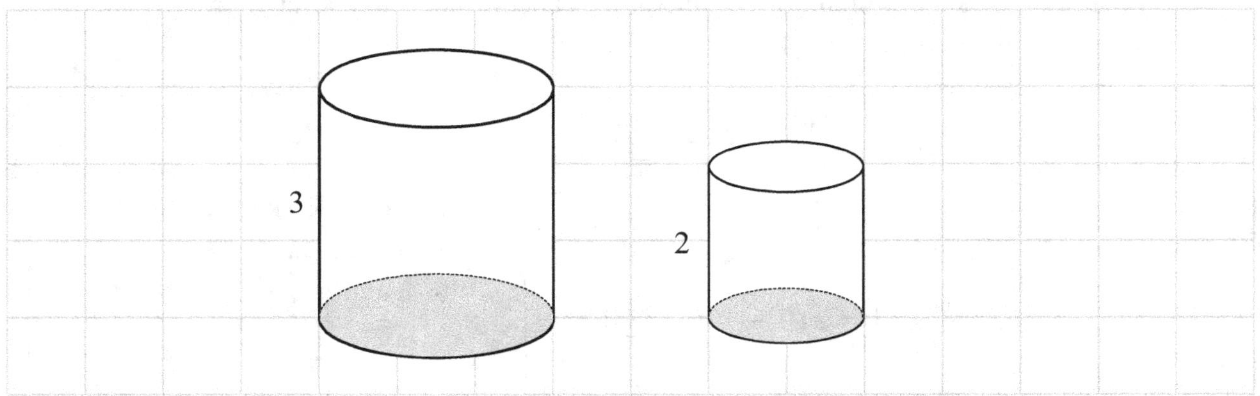

Yhdenmuotoisten lieriöiden mittakaava on 3 : 2.

Yhdenmuotoisten tilojen pinta-alojen suhde on mittakaavan potenssiin kaksi ja tilavuuksien suhde on mittakaava potenssiin kolme. Kuvan lieriöiden pinta-alojen suhde on $(3 : 2)^2 = 9 : 4$ ja tilavuuksien suhde $(3 : 2)^3 = 27 : 8$.

Esimerkki Kasvimaalle, jonka pituus on 5 m ja leveys 3 m, halutaan levittää multaa 10 senttimetrin paksuudelta. Kuinka paljon multaa tarvitaan?

Ratkaisu Multakerros muodostaa suorakulmaisen särmiön. Sen tilavuus saadaan kertomalla keskenään kolmen yhteensattuvan särmän pituudet.

10 cm = 0,1 m

tilavuus = $5 \cdot 3 \cdot 0{,}1 = 1{,}5 \quad (\mathrm{m}^3)$

3 m
0,1 m
5 m

Vastaus Multaa tarvitaan 1,5 m^3.

Esimerkki Ukkoskuuron aikana sataa vettä 4 mm. Kuinka monta litraa vettä tulee tällöin tontille, jonka pinta-ala on 1000 m^2.

Pohdintaa Mitä "sademäärä 4 mm" tarkoittaa? Havainnollistamme asiaa pelkistämällä tontin vaakasuoraksi alueeksi, joka on sateelle alttiina. Voimme havainnollisesti kuvitella, että satanut vesi jäätyy laataksi, jolloin laatan paksuus 4 mm ilmoittaa sademäärän. (Tässä yhteydessä ajattelemme, että vedellä ja jäällä on sama tiheys, siis esimerkiksi 1 cm^3 jäätä = 1 cm^3 vettä.)

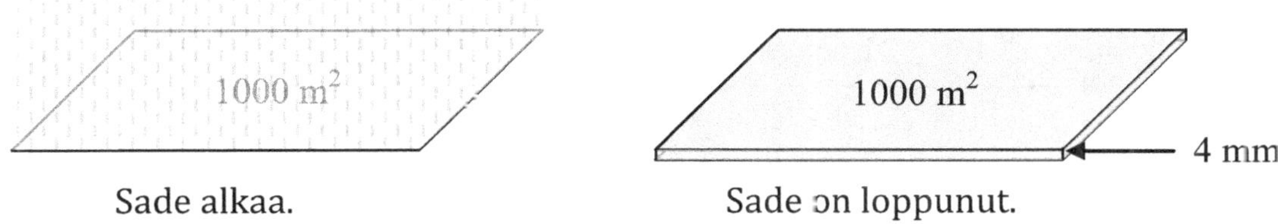

Sade alkaa. Sade on loppunut.

Ratkaisu Koska 4 mm = 0,004 m, sataneen veden tilavuus on

$1000 \cdot 0{,}004 = 4 \quad (\mathrm{m}^3)$ 4 m^3 = 4000 litraa

Vastaus Tontille sataa 4000 litraa vettä.

Esimerkki Kahden pallon halkaisijat ovat 1 cm ja 3 cm. Kuinka moninkertainen pienempään palloon verrattuna on suuremman pallon **a)** pinta-ala, **b)** tilavuus?

Kaikki pallot ovat yhdenmuotoisia. Tässä tapauksessa pallojen mittakaava on $1 : 3$. **a)** Pallojen pinta-alojen suhde on $(1 : 3)^2 = 1 : 9$, joten suurempi pallo on pinta-alaltaan 9-kertainen pienempään palloon verrattuna. **b)** Tilavuuksien suhde $(1 : 3)^3 = 1 : 27$, joten suuremman pallon tilavuus on 27-kertainen pienemmän pallon tilavuuteen verrattuna.

Vastaus a) 9-kertainen, **b)** 27-kertainen.

Esimerkki Roomassa sijaitseva *Pantheon* rakennettiin kaksi vuosituhatta sitten. Se on pyöreä, halkaisijaltaan ja korkeudeltaan 43,3 metrin suuruinen rakennus. Pantheonin alaosa on suora ympyrälieriö ja yläosa puolipallo. Laske Pantheonin tilavuus.

Ratkaisu

Pantheonin kupolin ikkuna, oculus.

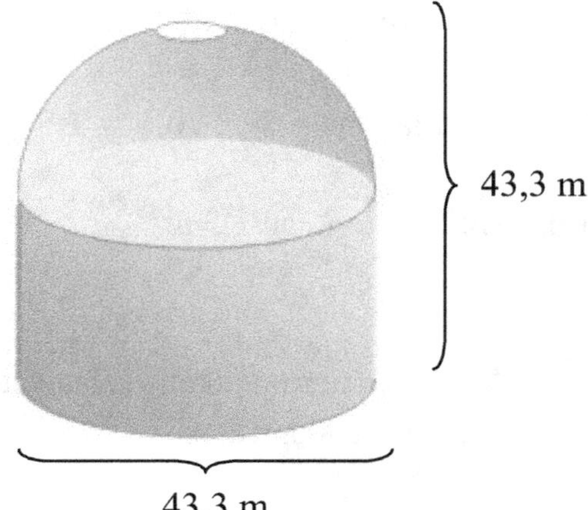

Pohjaympyrän säde = pallon säde = puolet halkaisijasta = 43,3 m / 2 = 21,65 m. Lieriön korkeus on yhtä suuri kuin pallon säde eli 21,65 m. Tilavuus V saadaan laskemalla yhteen lieriön tilavuus ja puolipallon tilavuus.

$$V = \underbrace{\pi \cdot 21{,}65^2 \cdot 21{,}65}_{\text{lieriö}} + \underbrace{\tfrac{1}{2} \cdot \tfrac{4}{3} \cdot \pi \cdot 21{,}65^3}_{\text{pallo}} = 53133{,}9\ldots \approx 53\,000 \quad (\mathrm{m}^3)$$

Vastaus Pantheonin tilavuus on 53 000 m^3.

Esimerkki Tuuttijäätelö on suoran ympyräkartion muotoinen. Sen korkeus on 9,2 cm ja pohjaympyrän säde 2,5 cm. Laske jäätelön tilavuus. Ilmoita vastaus desilitroina.

Ratkaisu Sovelletaan kartion tilavuuden kaavaa.

$$\tfrac{1}{3} \cdot \pi \cdot 2{,}5^2 \cdot 9{,}2 = 60{,}213\ldots \approx 60 \quad (\mathrm{cm}^3)$$

$\frac{1}{3}$ UNOHTUU HELPOSTI, VAIKKA NÄKYY TAULUKKOKIRJASTA.

Muunnos: 1000 cm^3 = 1 dm^3 = 1 litra

100 cm^3 = 1 dl | · 0,60

60 cm^3 = 0,60 dl

MUUNNOS DESILITROIKSI ON KENTIES TEHTÄVÄN VAIKEIN VAIHE, JOTEN PANEUDU ASIAAN.

Vastaus Jäätelön tilavuus on 0,60 dl.

Esimerkki Pöllö havaitsee paikalleen jähmettyneen myyrän ja lähtee tavoittelemaan sitä. Lintu lentää suoraviivaisesti vaakasuunnassa 120 m, tekee sitten 90 asteen käännöksen ja lentää edelleen suoraviivaisesti vaakasuunnassa 40 m. Tällöin pöllö on maassa paikoillaan pysytelleen myyrän yläpuolella 30 metrin korkeudella. Kuinka kaukana pöllö oli myyrästä aluksi?

Ratkaisu Linnun lentoreitti kannattaa hahmottaa kuvan mukaan osaksi suorakulmaista särmiötä.

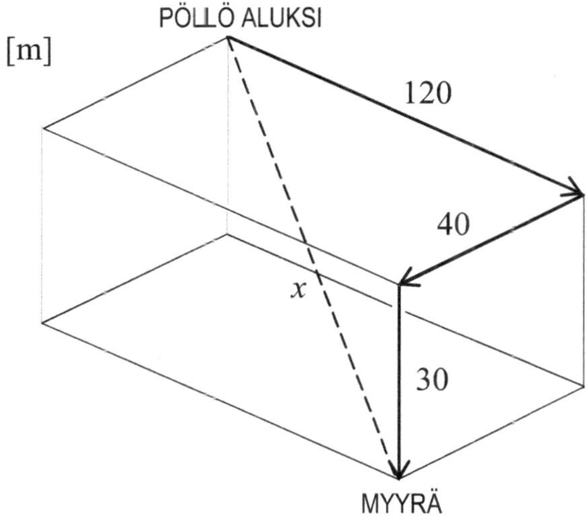

Kysytty etäisyys x on suorakulmaisen särmiön avaruuslävistäjä eli sisälävistäjä.

$$x = \sqrt{120^2 + 40^2 + 30^2} = 130 \quad \text{(m)}$$

Vastaus Lintu oli 130 m päässä myyrästä.

Esimerkki Kota on suoran ympyräkartion muotoinen. Sen korkeus on 4,0 m ja pohjaympyrän säde 2,0 m. Laske kodan tilavuus ja katon (vaipan) pinta-ala.

Ratkaisu

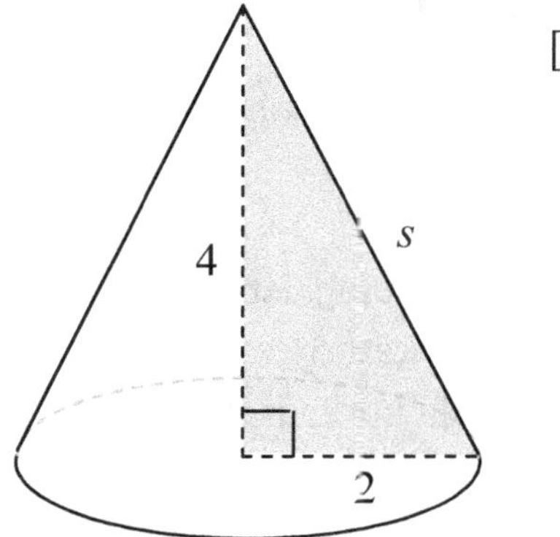

[m]

Sivujanan s laskeminen

Pythagoraan lauseen mukaan

$s^2 = 2^2 + 4^2$

$s^2 = 20$

$s = \pm\sqrt{20}$ (miinus ei kelpaa)

Tilavuus $= \frac{1}{3} \cdot \pi \cdot 2^2 \cdot 4 = 16{,}755 \,.. \approx 17$

Vaipan pinta ala $= \pi \cdot 2 \cdot \sqrt{20} = 28{,}099 \ldots \approx 28$

Vastaus Kodan tilavuus on 17 m^3, katon pinta-ala = 28 m^2.

Esimerkki *Kheopsin pyramidin* pohja on neliö, jonka sivun pituus on 230 m. Pyramidin korkeus oli alun perin 147 m. Laske pyramidin sivutahkon ja pohjan välinen kaltevuuskulma.

Ratkaisu Muodostetaan suorakulmainen kolmio, jonka alempi terävä kulma α on kysytty kulma. Pohjaneliön puolikkaan pituus on 230 m / 2 = 115 m. Kuvassa pituuden yksikkö on metri.

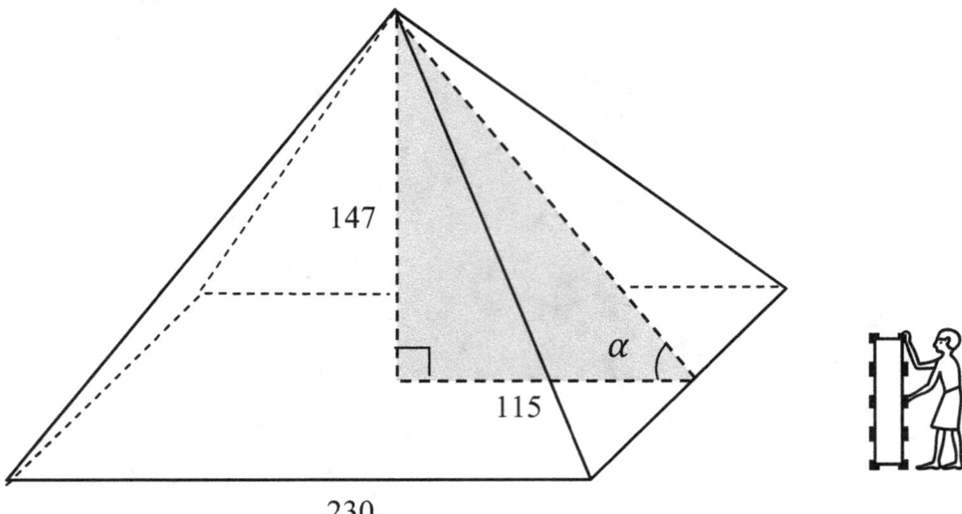

Lasketaan α suorakulmaisen kolmion trigonometrian mukaan.

$$\tan\alpha = \frac{147}{115}$$

$$\alpha = \tan^{-1}\frac{147}{115} = 51{,}963\ldots \approx 52 \text{ (astetta)}$$

Vastaus Sivutahkon ja pohjan välinen kulma on 52°.

Harjoituksia

154^A. Suoran ympyrälieriön muotoisen säiliön korkeus on 6 m ympärysmitta 8 m. Säiliön ulkoreunalla on alhaalta ylös ulottuvat portaat, jotka kiertävät säiliön yhteen kertaan. Portaat nousevat koko ajan samassa kulmassa. Kuinka pitkät ovat portaat?

Ohje: Ota suorakulmion muotoinen paperi ja piirrä siihen halkaisija (= portaat). Taivuta sitten paperi lieriön vaipaksi. Näin näet miten portaat nousevat.

155^A. Kuution tilavuus on 8 cm^3. Laske kuution pinta-ala.

156^A. Muurahaispesän maanpäällinen osa on likimain kartion muotoinen. Sen pohjan ala on 1,5 m^2 ja korkeus 2 m. Laske pesän maapäällisen osan tilavuus.

157^A. Suorakulmaisen särmiön muotoisen uima-altaan leveys on 5 m ja pituus 10 m. Altaassa on vettä 2 m syvyydeltä. Kuinka monta litraa vettä on altaassa?

158. Finnairin käsimatkatavaroihin hyväksytyn laukun ulkomitat ovat 56 cm × 45 cm × 25 cm. Laske laukun tilavuus. Ilmoita vastaus litroina.

Ohje: Ilmoita mitat desimetreinä, jolloin saat tilavuuden suoraan kuutiodesimetreinä eli litroina.

159. Liikuntahallin tasakatto on suorakulmion muotoinen. Sen pituus on 34 m ja leveys 22 m. Katolle sataa pehmeää lunta 32 cm. Määritä lumen paino, kun 1 m^3 lunta painaa 100 kg.

160. Tutkimuseläintarhassa karhu vietti talviuniaan suoran ympyrälieriön muotoisessa "pesässä". Sen korkeus oli 140 cm ja pohjaympyrän halkaisija 90 cm. Määritä pesän tilavuus.

161. Henkilö korjaa 2,0 m syvää mökkikaivoa täyttämällä kaivon renkaiden ympäryksen soralla. Kaivon yläreuna on maan tasalla. Hän on poistanut savensekaista maata kaivon ympäriltä puolen metrin etäisyyteen renkaista. Kuinka paljon soraa tarvitaan, kun kaivon ulkohalkaisija on 90 cm?

162. Kanneton peltinen litran mitta on suoran ympyrälieriön muotoinen. Sen pohjaympyrän halkaisija on 8,2 cm. Määritä mitan korkeus. Kuinka paljon peltiä on mittaan kulunut, kun saumoja ei oteta huomioon?

163. Muistomerkki on säännöllisen neliöpohjaisen pyramidin muotoinen. Sen korkeus on 52 cm ja pohjaneliön sivu 45 cm. Laske muistomerkin paino, kun se on valmistettu kivestä, jonka tiheys on 2700 kg/m^3.

Ohje: Muunna aluksi kaikki mitat metreiksi. Paino = tilavuuden ja tiheyden tulo.

164. Suorakulmaisen kolmion kateetit ovat 3 ja 4. Kolmio pyörähtää pienemmän kateetin ympäri ja "piirtää" avaruuteen suoran ympyräkartion. Laske sen tilavuus ja pinta-ala. Tarkat arvot.

Ohje: Älä unohda pohjaa pinta-alaa laskiessasi.

165. Pahvista valmistetun suoran ympyräkartion korkeus on 40 cm ja pohjaympyrän halkaisija 18 cm. Kartio leikataan auki pohjan kehää ja yhtä sivujanaa myöten. Tasoon auki levitetty vaippa muodostaa ympyrän sektorin. Laske sen keskuskulma.

166. Sadevesimittarina käytetään kärjellään seisovaa ympyräkartiota, jonka pohjan säde 18 cm. Kartioon sataa 282 cm^3 vettä. Kuinka monta millimetriä oli sademäärä?

Ohje: Kuvittele, että satanut vesi jäätyy laataksi, jonka tilavuus on 282 cm^3. Laatan pohjat ovat ympyröitä, joiden säteet ovat 18 cm, ja laatan paksuus on kysytty sademäärä x. Tässä havainnollistuksessa vedellä ja jäällä on sama tiheys.

167. Koordinaatistossa olevan suorakulmion kärjet ovat (0, 1), (5, 1), (5, 2) ja (0, 2). Suorakulmio pyörähtää täyden kierroksen x-akselin ympäri. Piirrä pyörähdyskappaleen kuva ja laske sen tilavuus

168. Kannellinen marjaämpäri on suoran katkaistun ympyräkartion muotoinen. Ämpärin korkeus on 30 cm. Kannen halkaisija on 24 cm ja pohjan halkaisija 20 cm. Kuinka monta litraa marjoja mahtuu ämpäriin, jos marjoja on piripintaan kanteen asti?

Ohje: MAOL s. 27. Ilmoita mitat desimetreinä, jolloin saat vastauksen kuutiodesimetreinä eli litroina.

169. Kotiplaneettamme pinnasta noin 30 % on maata ja siitä 12 % on viljeltyä. Kuinka paljon viljeltyä maata on ihmistä kohti? Ilmoita vastaus hehtaareina. Maapallon säde on 6370 km ja väkiluku 7,5 miljardia.

170. Pallon muotoisen kompostorin tilavuus on 500 litraa. Mahtuuko kompostori "ehjänä" varastoon, jonka oven leveys on 1,00 m? Kompostorin kuoren paksuus on 1 cm.

171. Puiset helmet ovat pallon muotoisia; niiden halkaisija on 2 cm. Mahtuuko puolen litran astiaan 120 helmeä?

172. Neljä tennispalloa voidaan pakata suoran ympyrälieriön muotoiseen putkeen. Putken pituus on 26 cm ja pohjaympyrän halkaisija 6,5 cm. Pallot voidaan myös pakata rinnakkain laatikkoon, jonka mitat ovat 13 cm × 13 cm × 6,5 cm. Kumpi tapa tuottaa vähemmän pakkausjätettä?

173. Tiipii on suoran ympyräkartion muotoinen. Sen korkeus on 4,5 m ja pohjaympyrän halkaisija 4,5 m. Kuinka monta puhvelinnahkaa tarvitaan tiipiin kattamiseen (vaipan peittämiseen), kun yksi puhvelinnahka peittää noin 4,5 m^2?

Lakotojen tiipii vuodelta 1891.
LÄHDE: WIKIPEDIA

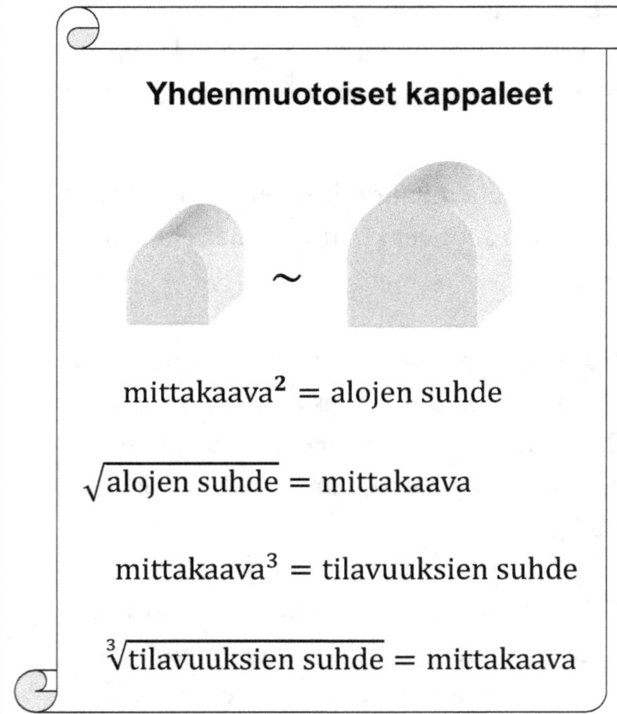

Yhdenmuotoiset kappaleet

$$\text{mittakaava}^2 = \text{alojen suhde}$$

$$\sqrt{\text{alojen suhde}} = \text{mittakaava}$$

$$\text{mittakaava}^3 = \text{tilavuuksien suhde}$$

$$\sqrt[3]{\text{tilavuuksien suhde}} = \text{mittakaava}$$

174^A. Kahden yhdenmuotoisen postilaatikon mittakaava on 2 : 3. Määritä laatikoiden tilavuuksien suhde.

175. Kahden yhdenmuotoisen tölkin vetoisuudet ovat 1 dl ja 8 dl. Määritä tölkkien pinta-alojen suhde.

176. Greipin halkaisija on 10 cm ja kuoren paksuus 1 cm. Kumpaa greipissä on enemmän, kuorta vai varsinaista hedelmää? Tässä yhteydessä pidetään greippiä pallon muotoisena.

Ohje: Greippi kokonaisena on pallo, jonka halkaisija on 10 cm. Greippi kuorittuna on pallo, jonka halkaisija on 8 cm. Määritä näiden tilavuuksien suhde ja päättele vastaus.

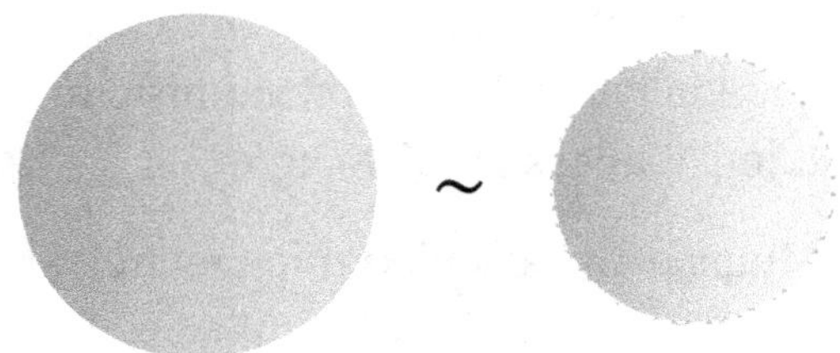

10. Todennäköisyys

Klassinen todennäköisyys

Nopanheiton **alkeistapaukset** ovat pisteluvut [1] [2] [3] [4] [5] [6]. Kaikki alkeistapaukset ovat yhtä mahdollisia eli **symmetrisiä**. Heitetään kuvitteellisesti noppaa. Millä todennäköisyydellä saadaan pariton pisteluku?

Suotuisat alkeistapaukset ovat [1] [3] [5], joten on kolme mahdollisuutta kuudesta saada pariton pisteluku:

$$\underbrace{P(\text{saadaan pariton})}_{\text{todennäköisyys että saadaan pariton}} = \frac{3}{6} = \frac{1}{2} = 0{,}50 = 50\ \%$$

← ERILAISIA TAPOJA ILMOITTAA VASTAUS.

Näin ideoitua todennäköisyyttä kutsutaan **klassiseksi** todennäköisyydeksi. Tulos voidaan tarkistaa **tilastollisesti** heittämällä noppaa esimerkiksi tuhat kertaa. Tällöin parittomien pistelukujen osuuden eli **suhteellisen frekvenssin** pitäisi olla 50 % tai lähes 50 %.

Geometrinen todennäköisyys

Auton tuulilasi on kaksiosainen, molemmat osat ovat 56 cm × 30 cm -suorakulmioita. Kivi osuu tuulilasin umpimähkäiseen paikkaan. Millä todennäköisyydellä osumakohta on yli 5 cm päässä reunasta?

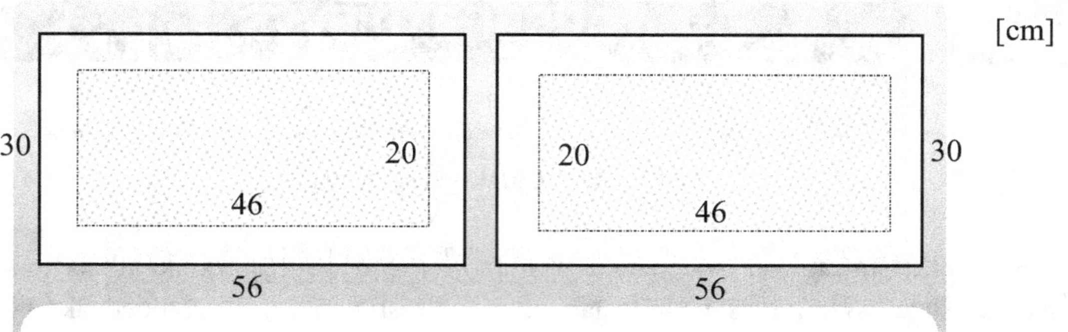

Tehtävänannon mukaan kivi osuu tuulilasiin, jonka pisteet siis ovat alkeistapauksia. Ne ovat symmetrisiä, sillä kivi osuu umpimähkäiseen paikkaan. Suotuisia alkeistapauksia ovat ne pisteet, joiden etäisyys tuulilasin reunasta on yli 5 cm. Niistä muodostuu kaksi 46 cm × 20 cm -suorakulmiota.

Alkeistapauksia on ääretön määrä, joten edellä kuvattu klassinen todennäköisyys ei toimi. Geometrisen todennäköisyysmallin mukaan kysytty todennäköisyys saadaan vertaamalla "suotuisan" alueen pinta-alaa koko alueen pinta-alaan.

$$\text{P(kivi osuu yli 5 cm päähän reunasta)} = \frac{2\cdot 20\cdot 46}{2\cdot 56\cdot 30} = \frac{23}{42} \approx 0{,}55 = 55\ \%.$$

Kiven osuminen tarkalleen 5 cm päähän reunasta jätetään huomiotta, sillä mahdollisuus kiven osumiseen "hiuksenhienoon" suotuisan alueen reunaviivaan on häviävän pieni.

Yhteenveto

Klassinen todennäköisyys edellyttää, että satunnaisilmiö voidaan esittää äärellisellä määrällä symmetrisiä alkeistapauksia. Tällöin tapahtuman A todennäköisyys on

$$P(A) = \frac{\text{suotuisten alkeistapausten määrä}}{\text{kaikkien alkeistapausten määrä}}$$

Geometrinen todennäköisyys lasketaan vastaavalla tavalla, mutta siinä verrataan geometrisia mittoja kuten viivojen pituuksia, kulmia, pinta-aloja tai tilavuuksia.

Tilastollinen todennäköisyys edellyttää, että satunnaisilmiö voidaan toistaa samankaltaisissa olosuhteissa useita kertoja. Tapahtuman A tilastollinen todennäköisyys P(A) on luku, jonka läheisyyteen tapahtuman A suhteellinen frekvenssi vakiintuu toistojen lukumäärän kasvaessa.

Todennäköisyys on välin [0, 1] luku. **Mahdottoman** tapahtuman todennäköisyys on 0 ja **varman** tapahtuman todennäköisyys 1. Todennäköisyys ilmoitetaan murtolukuna, desimaalilukuna tai prosenttimuodossa.

Todennäköisyysjakauma

Heitetään kahta noppaa. Millä todennäköisyydellä pistemäärien erotuksen itseisarvo on 3? Muodosta erotuksen itseisarvon jakauma ja havainnollista se histogrammilla.

Älä säikähdä ilmausta ”erotuksen itseisarvo”. Asia on helppo. Esimerkiksi tapauksessa [5] [1] on pistemäärien erotus 4 ja sen itseisarvo myös 4. Tapauksessa [3] [6] on erotus –3 ja sen itseisarvo on 3. Tapauksessa [4] [4] on erotus 0 ja sen itseisarvo on myös 0.

Kahden nopan heittoon liittyvät todennäköisyydet saadaan mukavasti 6 × 6 -ruudukon avulla.

2. noppa						
6	5	4	3	2	1	0
5	4	3	2	1	0	1
4	3	2	1	0	1	2
3	2	1	0	1	2	3
2	1	0	1	2	3	4
1	0	1	2	3	4	5
	1	**2**	**3**	**4**	**5**	**6**

1. noppa

Ruudut vastaavat alkeistapauksia. Suotuisat alkeistapaukset on korostettu.

Symmetrisiä alkeistapauksia on 36. Niistä suotuisia on 6, joten kysytty todennäköisyys on

$$P(\text{erotuksen itseisarvo on 3}) = \frac{6}{36} = \boxed{\frac{1}{6}}$$

Erotuksen itseisarvon jakaumassa ilmoitetaan jokaista erotuksen itseisarvoa vastaava todennäköisyys. Histogrammissa pylväiden korkeudet ja pinta-alat kuvaavat todennäköisyyksiä.

Taulukko

Erotuksen itseisarvo	Todennäköisyys
0	$6/36 \approx 17$ %
1	$10/36 \approx 28$ %
2	$8/36 \approx 22$ %
3	$6/36 \approx 17$ %
4	$4/36 \approx 11$ %
5	$2/36 \approx 5$ %

Histogrammi

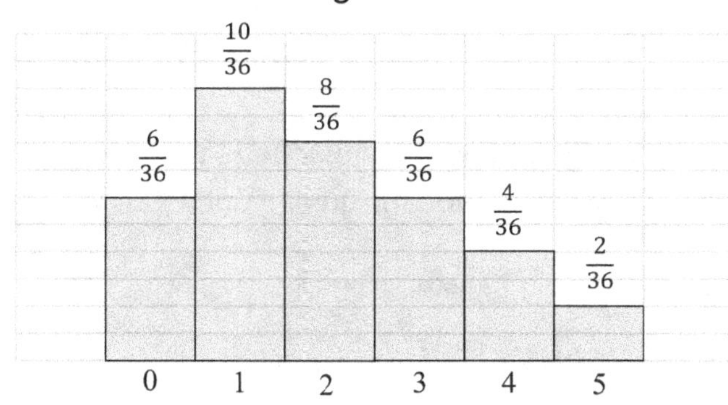

Kaikki kahden nopan heittoon liittyvät todennäköisyyslaskut voidaan ratkaista 6 × 6 -ruudukon avulla.

Kertolaskusääntö

Krassin siemen itää todennäköisyydellä 80 % ja herneen todennäköisyydellä 90 %. Istutetaan yksi krassin ja yksi herneen siemen. Millä todennäköisyydellä **a)** molemmat itävät, **b)** kumpikaan ei idä?

a) P(krassi itää **JA** herne itää) = $0{,}80 \cdot 0{,}90 = 0{,}72 = \boxed{72\ \%}$

b) Siirrytään komplementtitapahtumiin.

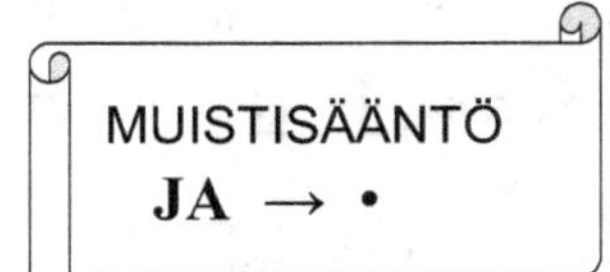

P(krassi ei idä) = $100\ \% - 80\ \% = 20\ \%$.
P(herne ei idä) = $100\ \% - 90\ \% = 10\ \%$.

P(krassi ei idä **JA** herne ei idä) = $0{,}20 \cdot 0{,}10 = 0{,}01 = \boxed{1\ \%}$

Kertolaskusääntö useille tapahtumille

Pelaaja onnistuu rangaistuspotkussa todennäköisyydellä 90 %. Pelaaja ampuu neljä rangaistuspotkua. Millä todennäköisyydellä **a)** kaikki onnistuvat, **b)** yksikään ei onnistu?

a) P(maali **JA** maali **JA** maali **JA** maali) = $\underbrace{0{,}9 \cdot 0{,}9 \cdot 0{,}9 \cdot 0{,}9}_{\text{ei tarvitse merkitä}} = 0{,}9^4 = 0{,}6561 \approx \boxed{66\ \%}$

b) P(huti) = $100\ \% - 90\ \% = 10\ \%$.

P(huti **JA** huti **JA** huti **JA** huti) = $\underbrace{0{,}1 \cdot 0{,}1 \cdot 0{,}1 \cdot 0{,}1}_{\text{ei tarvitse merkitä}} = 0{,}1^4 = 0{,}0001 \approx \boxed{0{,}01\ \%}$

Kertolaskusääntö yleisemmin

Kopassa on seitsemän koiranpentua: neljä urosta (♂) ja kolme naarasta (♀). Pennuista otetaan umpimähkään kolme. Millä todennäköisyydellä kaikki ovat uroksia?

Tilanne kopassa

♂ ♂ ♂ ♂ ♀ ♀ ♀ P(ensimmäinen on uros) = $\frac{4}{7}$

♂ ♂ ♂ ♀ ♀ ♀ P(toinen on uros ehdolla, että ensimmäinen oli uros) = $\frac{3}{6}$

♂ ♂ ♀ ♀ ♀ P(kolmas on uros ehdolla, että ensimmäinen ja toinen olivat uroksia) = $\frac{2}{5}$

P(uros **JA** uros **JA** uros) = $\frac{4}{7} \cdot \frac{3}{6} \cdot \frac{2}{5} = \boxed{\frac{4}{35}}$

Puukaavio

Henkilön työmatkalla on kahdet liikennevalot. Ensimmäiset valot ovat vihreällä todennäköisyydellä 40 %. Toiset valot ovat vihreällä todennäköisyydellä 70 %, jos ensimmäiset olivat vihreällä. Muussa tapauksessa toiset valot ovat vihreällä todennäköisyydellä 20 %. Henkilö menee töihin. Määritä erilaisten valoyhdistelmien todennäköisyydet. Keltaisia valoja ei oteta huomioon.

Laaditaan puukaavio. Merkitään oksalle asianmukainen todennäköisyys. Ylhäältä alas suuntautuvan reitin todennäköisyys saadaan kertomalla reitin oksilla olevat todennäköisyydet.

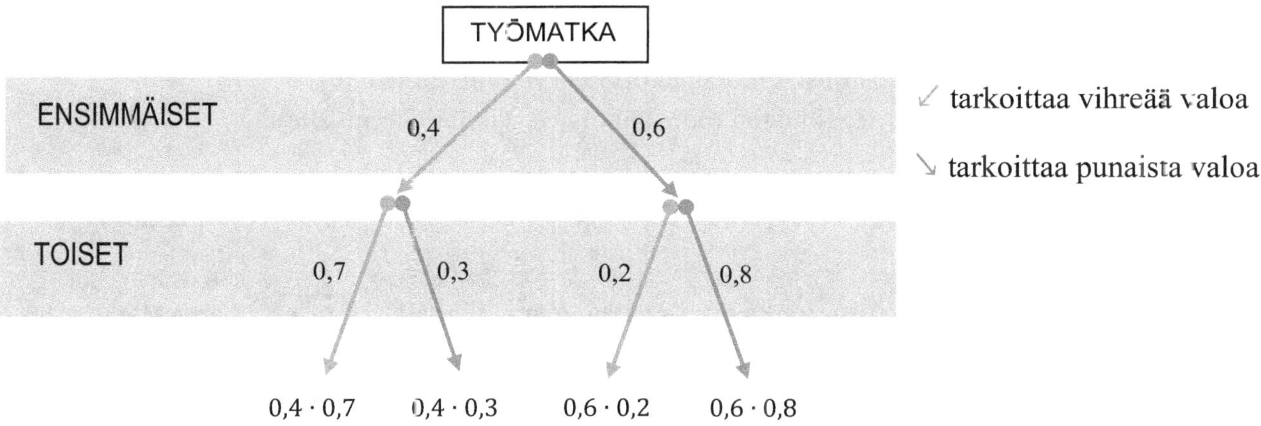

P(ensimmäiset vihreällä JA toiset vihreällä) = $0{,}4 \cdot 0{,}7 = 0{,}28 = \boxed{28\ \%}$

P(ensimmäiset vihreällä JA toiset punaisella) = $0{,}4 \cdot 0{,}3 = 0{,}12 = \boxed{12\ \%}$

P(ensimmäiset punaisella JA toiset vihreällä) = $0{,}6 \cdot 0{,}2 = 0{,}12 = \boxed{12\ \%}$

P(ensimmäiset punaisella JA toiset punaisella) = $0{,}6 \cdot 0{,}8 = 0{,}48 = \boxed{48\ \%}$

"Ainakin yksi"

Oletetaan, että kadulla kävelijällä on puhelin mukanaan todennäköisyydellä 75 %. Onnettomuuspaikalle osuu kolme ihmistä. Millä todennäköisyydellä ainakin yhdellä on mukanaan puhelin?

Ainakin yksi -tehtävissä kannattaa yleensä siirtyä komplementtitapahtumiin.

Henkilöllä on puhelin mukanaan todennäköisyydellä 75 %, joten todennäköisyys, että puhelin ei ole mukana on 100 % – 75 % = 25 % = 0,25. Kertolaskusäännön mukaan

P(ei puhelinta JA ei puhelinta JA ei puhelinta) = $0{,}25^3 = 0{,}015625 = 1{,}5625\ \%$

P(ainakin yhdellä on puhelin mukanaan) = $100\ \% - 1{,}5625\ \% = 98{,}4375\ \% \approx \boxed{98\ \%}$.

Toistokoe T

Rokote tepsii 65 prosentin todennäköisyydellä. Kymmenen ihmistä rokotetaan. Millä todennäköisyydellä rokote tepsii **a)** tasan kahdeksalle, **b)** ainakin kahdeksalle?

a) Sovelletaan toistokoemallia. Kysytty todennäköisyys lasketaan tietyn kaavion avulla. Aluksi kootaan tarvittavat ”palat”.

	toistokoe
10	rokotuksien lukumäärä
8	tepsimisien lukumäärä
2	ei-tepsimisten lukumäärä
65 % = 0,65	tepsimisen todennäköisyys (yhdelle ihmiselle)
35 % = 0,35	ei-tepsimisten todennäköisyys (yhdelle ihmiselle)

P(tepsii 8:lle, ei tepsi 2:lle) = $\binom{10}{8} \cdot 0{,}65^8 \cdot 0{,}35^2 = 0{,}1756\ldots \approx 0{,}18 \approx$ **18 %**

Merkintä $\binom{10}{8}$ on **binomikerroin**, jonka arvo saadaan näppäilemällä 10 nCr 8. Katso MAOL s. 56.

Analysoidaan vielä yllä olevaa toistokokeen laskukaavaa.

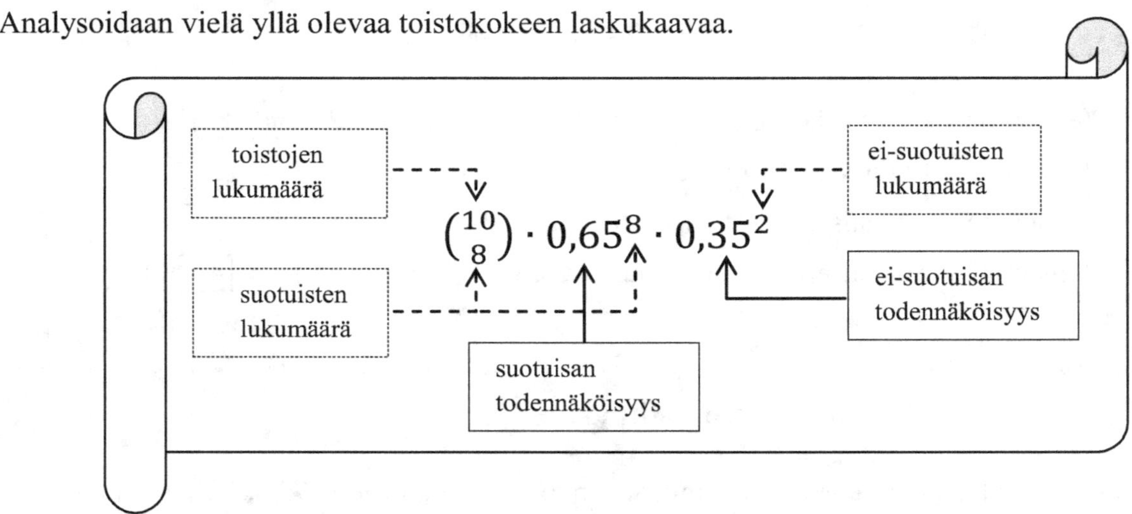

b) ”Tepsii ainakin 8:lle” tarkoittaa samaa kuin ” tepsii 8:lle tai tepsii 9:lle tai tepsii 10:lle”.

P(tepsii 8:lle) = $\binom{10}{8} \cdot 0{,}65^8 \cdot 0{,}35^2 = 0{,}1756\ldots$

P(tepsii 9:lle) = $\binom{10}{9} \cdot 0{,}65^9 \cdot 0{,}35^1 = 0{,}0724\ldots$

P(tepsii 10:lle) = $\binom{10}{10} \cdot 0{,}65^{10} \cdot 0{,}35^0 = 0{,}0134\ldots$

} yhteensä 0,2616… = 26,16 %

⇒

P(tepsii ainakin 8:lle) = 0,2616… ≈ 0,26 = **26 %**.

Toistokoe - laskun nopeutus T

Liukuhihnan tuotteista on 4 % viallisia. Hihnalta poimitaan umpimähkäisesti 25 tuotetta. Millä todennäköisyydellä niiden joukossa on ainakin kaksi viallista?

Sovelletaan toistokoemallia. Toistojen lukumäärä on 25. Suotuisan todennäköisyys on 4 % = 0,04 ja epäsuotuisan 96 % = 0,96.

100 %

P(0 viallista) + P(1 viallinen) + P(2 viallista) + P(3 viallista) + P(4 viallista) + … + P(25 viallista)

lasketaan aluksi tämä (P(0 viallista) + P(1 viallinen)) — tätä kysytään (P(2 viallista) + … + P(25 viallista))

$$\text{P(0 viallista)} = \binom{25}{0} \cdot 0{,}04^0 \cdot 0{,}96^{25} = 0{,}3603\ldots$$

$$\text{P(1 viallinen)} = \binom{25}{1} \cdot 0{,}04^1 \cdot 0{,}96^{24} = 0{,}3754\ldots$$

yhteensä 0,73578… = 73,58… %

$\Rightarrow$

P(ainakin 2 viallista) = 100 % – 73,58… % = 26,41 … ≈ $\boxed{26\ \%}$

Harjoituksia

177^A^. Lottopallot on numeroitu 1- 40. Arvotaan yksi pallo. Millä todennäköisyydellä saadaan kuudella jaollinen numero?

178^A^. Pussissa on neljä punaista, neljä vihreää ja kaksi keltaista makeista. Lapsi ottaa umpimähkäisesti yhden makeisen. Millä todennäköisyydellä hän saa vihreän tai keltaisen makeisen?

179^A^. Junassa 11 vaunua, joista keskimmäinen on ravintolavaunu. Henkilö varaa paikan umpimähkäisestä vaunusta (ei kuitenkaan ravintolavaunusta). Millä todennäköisyydellä hän joutuu ravintolavaunun viereiseen vaunuun?

180^A^. Suorakulmion muotoisen pellon pituus on 40 m ja leveys 50 m. Pelto jaetaan sivujen suuntaisin viivoin kahteenkymmeneen neliön muotoiseen palstaan (jokaisen pinta-ala on aari). Palstat arvotaan. Olet mukana arvonnassa 19 muun henkilön kanssa, joten jokainen saa yhden palstan. Millä todennäköisyydellä saat palstan, joka rajoittuu pellon reunaan tai kulmaan?

181^A^. Puinen kuutio, jonka sivutahkot on maalattu sinisiksi, sahataan 27 samankokoiseksi pikkukuutioksi. Pikkukuutiot sekoitetaan ja niistä nostetaan umpimähkään yksi. Millä todennäköisyydellä siinä on ainoastaan yksi sininen tahko?

182^{A}. Leirille osallistuu 50 nuorta eri maista. Nuorista 13 osaa suomea ja 15 ruotsia. Sekä suomea että ruotsia osaavia nuoria on 8. Leiriläisistä arvotaan yksi nuori. Millä todennäköisyydellä hän ei osaa suomea eikä ruotsia?

Ohje: Laadi *Venn-diagrammi*, jossa havainnollistat tilannetta.

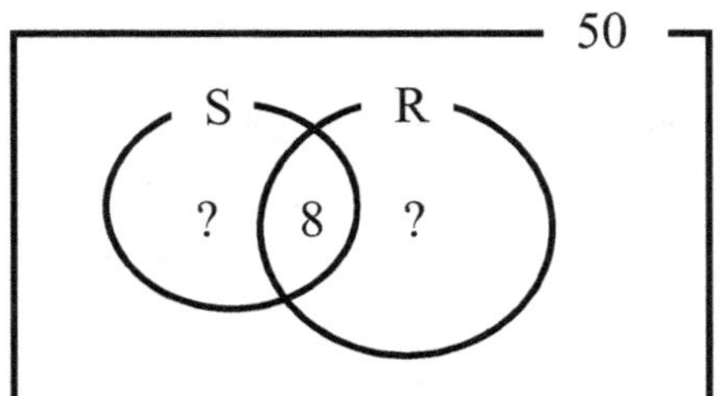

183^{A}. Autoilijalla on jäljellä 25 km kotimatkaa. Tien varrella on yksi ainoa huoltoasema ja se sijaitsee likimain tien puolessa välissä. Yllättäen auton rengas menee rikki. Millä todennäköisyydellä näin tapahtuu enintään kilometrin päässä huoltoasemasta tai kodista?

184^{A}. Herätyskellon paristosta loppuu virta umpimähkäisenä hetkenä. Millä todennäköisyydellä tämä tapahtuu yöllä klo 23 - 06?

185. Kirjan sivu on kooltaan 15 cm × 25 cm, ja sivulla on kuva, kooltaan 12 cm × 22 cm. Jäärä on kaivanut pienen reiän sivun läpi umpimähkäiseen kohtaan. Millä todennäköisyydellä kuva on vahingoittunut?

186^{A}. Heitetään kolme kertaa kolikkoa. Millä todennäköisyydellä kahdella ensimmäisellä heitolla saadaan klaava ja viimeisellä heitolla kruuna?

KLAAVA

KLAAVA

KRUUNA

187^{A}. Laatikossa on kaksi harmaata ja neljä sinistä sukkaa. Henkilö ottaa umpimähkään kaksi sukkaa. Millä todennäköisyydellä hän saa samanväriset sukat?

Ohje: Numeroi sukat harmaat sukat 1 - 2 ja siniset 3 - 6. Laadi sitten 6 × 6 ruudukko kuten kahden nopan heitossa. Huomaa kuitenkin, että alkeistapauksia on vähemmän.

188^{A}. Myyjäisten onnenpyörässä on kahdeksan samankokoista sektoria. Neljässä sektorissa on tavarapalkinnot, joiden arvot ovat 1 €, 1 €, 2 € ja 4 €. Muut sektorit ovat tyhjiä. Onnenpyörää pyöräytetään kaksi kertaa. Millä todennäköisyydellä pelaaja saa yhteensä viiden tai kuuden euron arvoiset tavarapalkinnot?

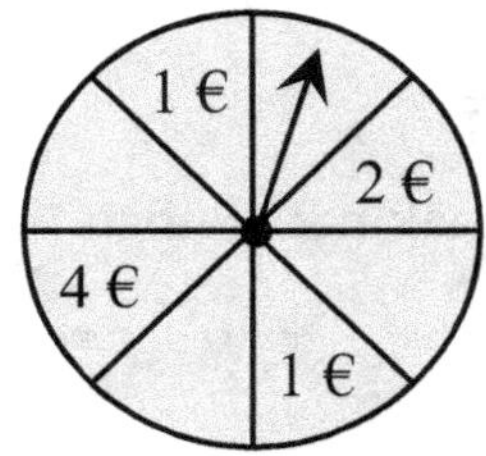

189^{A}. Suoran tien varrella on tasavälein kymmenen valaisinpylvästä. Kahdessa umpimähkäisessä pylväässä lamppu on rikki. Millä todennäköisyydellä nämä pylväät ovat vierekkäin?

190. Automaatti antaa pullan todennäköisyydellä 80 % ja kahvin todennäköisyydellä 95 %. Millä todennäköisyydellä automaatista saa pullakahvit?

191^{A}. Kaupunki rajoittaa saastesumun vuoksi liikennettä siten, että kaupunkiin saavat ajaa ainoastaan autot, joiden rekisteritunnus päättyy parittomaan numeroon. Kaupunkiin on pyrkimässä seurue, johon kuuluu kolme autoa. Millä todennäköisyydellä jokainen auto saa ajaa kaupunkiin?

192ᴬ. Kolmion kaksi kulmaa α ja β määritetään satunnaisesti terävien kulmien joukosta. Millä todennäköisyydellä kolmion kolmas kulma γ on terävä?

Ohje: Merkitään kulmien α ja β astelukuja vastaavasti x ja y. Jotta γ olisi terävä, on oltava $x + y > 90$.

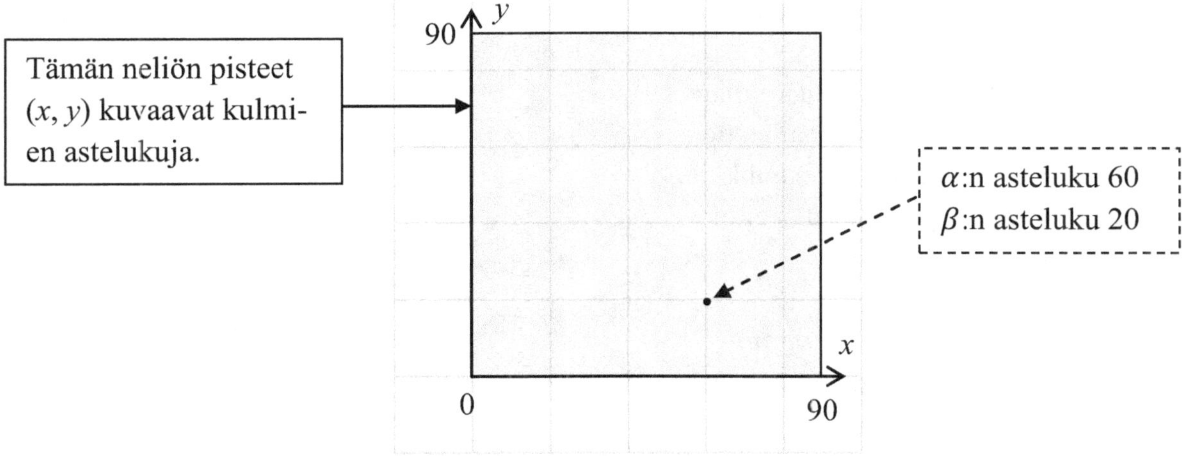

Suotuisan alueen raja on suora $x + y = 90$. Selvitä suotuisa alue ja määritä todennäköisyys alojen suhteena.

193. Henkilöt A ja B ovat tulevat pizzeriaan umpimähkäisenä hetkenä kello 20:00 - 21:00. Kumpikin viipyy pizzeriassa 20 min. Millä todennäköisyydellä henkilöt tapaavat toisensa?

Ohje: Olkoon A:n tuloaika x min yli klo 20 ja B:n tuloaika y min yli klo 20.

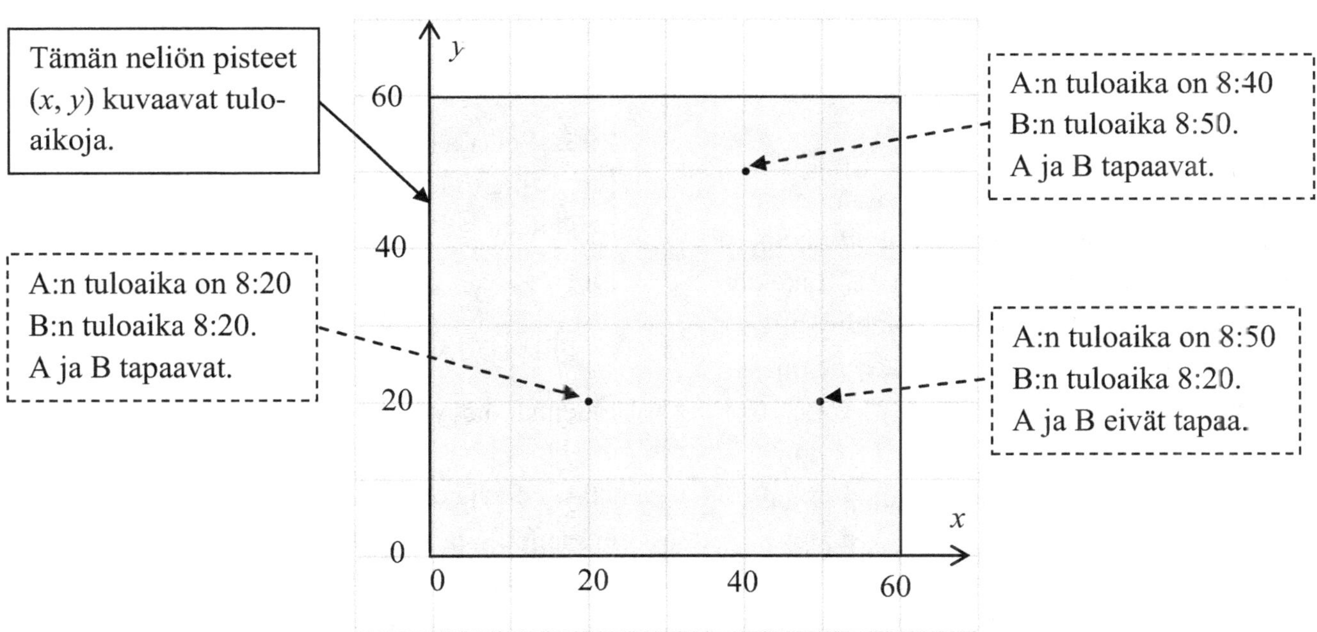

Jotta henkilöt tapaisivat, on oltava $|x - y| < 20$. Tämän alueen rajoina ovat suorat $x - y = \pm 20$. Selvitä suotuisa alue ja määritä todennäköisyys alojen suhteena.

194. Noin 42 % suomalaisista kuuluu A-veriryhmään. Millä todennäköisyydellä suomalaisen pariskunnan molemmat osapuolet kuuluvat A-veriryhmään? Onko mahdollista laskea vastaavasti todennäköisyys, että pariskunnan kaksi lasta kuuluvat A-veriryhmään?

195. Eräällä ranta-alueella noin joka kolmannessa punkissa on vaarallinen taudinaiheuttaja. Henkilö pyydystää alueelta kolme punkkia. Millä todennäköisyydellä yhdessäkään ei ole taudinaiheuttajaa?

196. Kuvan mukainen virtapiiri on *täysin toimiva*, jos molemmat vastukset R_1 ja R_2 ovat ehjiä. Virtapiiri on *osittain toimiva*, jos vastuksista R_1 ja R_2 toinen on ehjä ja toinen rikki. Tyypin R_1 vastus on ehjä todennäköisyydellä 90 % ja tyypin R_2 vastus on ehjä todennäköisyydellä 80 %. Millä todennäköisyydellä virtapiiri on **a)** täysin toimiva, **b)** osittain toimiva?

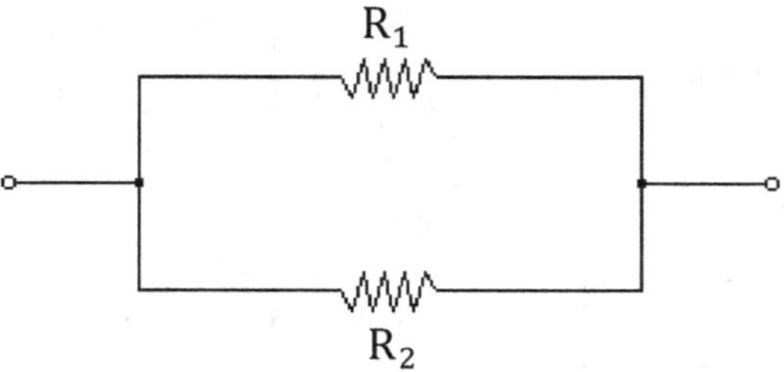

197. Tukirakenteessa on kolme osaa, jotka ovat toisistaan riippumatta vahingoittuneita todennäköisyyksin 7 %, 4 % ja 1 %. Rakenne on kelvoton, jos yksikin osa on vahingoittunut. Millä todennäköisyydellä rakenne on kelvollinen?

198. Laatikossa on 20 oikean käden räpylää ja 5 vasemman käden räpylää. Laatikosta kahmaistaan umpimähkään 4 räpylää. Millä todennäköisyydellä kaikki ovat oikean käden räpylöitä?

199. Tavaratalossa on rinnakkain neljä hissiä. Tuloaulan tasolla kukin hissi on heti käytössä 30 prosentin todennäköisyydellä. Saavut tuloaulaan. Millä todennäköisyydellä ainakin yksi hissi on heti käytössä?

200. Siemen itää 91 prosentin todennäköisyydellä. Istutat 20 siementä. Millä todennäköisyydellä kaikki itävät?

201. Tulli tarkastaa umpimähkäisesti keskimäärin yhden matkustajan kahdestasadasta. Millä todennäköisyydellä 150 henkilön seurueesta kukaan ei joudu tarkastukseen?

202. Pelaaja heittää neljä kertaa noppaa. Millä todennäköisyydellä hän saa ainakin yhden kuutosen? LÄHDE: KUULUISA DE MÉRÉN PROBLEEMA 1600-LUVULTA.

203. Pelaaja heittää noppaa kunnes saa nelosen. Millä todennäköisyydellä hän lopettaa neljänteen heittoon?

Ohje: Kysytään tulossarjan

EI [4] JA EI [4] JA EI [4] JA [4]

todennäköisyyttä.

204. Pelaaja on heittänyt neljä kertaa noppaa ja saanut joka kerralla pisteluvun [4]. Millä todennäköisyydellä hän saa seuraavallakin heitolla pisteluvun [4]?

205. Heitetään kahta noppaa. Muodosta pistesumman jakauma. Anna vastaus taulukossa ja histogrammina.

206. Jos opiskelija on jonain aamuna myöhästynyt koulusta, myöhästyy hän seuraavanakin aamuna todennäköisyydellä 20 %. Jos opiskelija tulee ajoissa kouluun, myöhästyy hän seuraavana aamuna vain 5 % todennäköisyydellä. Maanantaina opiskelija saapuu ajoissa kouluun. Millä todennäköisyydellä hän tulee ajoissa keskiviikkona? *Ohje:* Voit käyttää apuna puumallia.

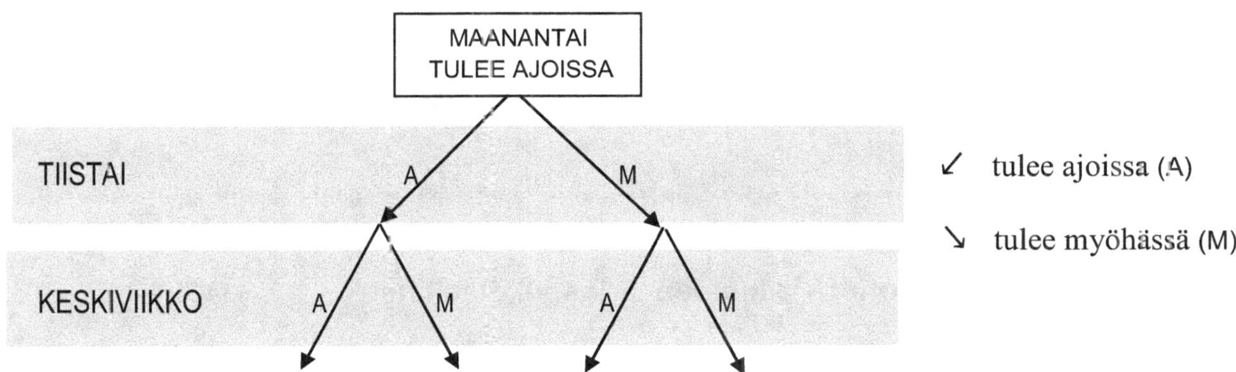

207 T. Pääsiäismunassa on sormus todennäköisyydellä 25 %. Ostetaan 8 pääsiäismunaa. Millä todennäköisyydellä kahdessa pääsiäismunassa on sormus ja kuudessa ei ole?

208 T. Millä todennäköisyydellä kuusilapsisessa perheessä on kolme tyttöä ja kolme poikaa? Tilastojen mukaan vastasyntynyt on tyttö todennäköisyydellä 49 %.

209 T. Kolikkoa heitetään 10 kertaa. Millä todennäköisyydellä saadaan 4, 5 tai 6 klaavaa?

210 T. Koulussa on pantu merkille, että noin 10 % kurssille ilmoittautuneista opiskelijoista peruuttaa osallistumisensa. Eräälle kurssille ilmoittautuu 13 opiskelijaa. Kurssin järjestäminen edellyttää, että siihen osallistuu vähintään 10 opiskelijaa. Millä todennäköisyydellä kurssi järjestetään?

211 T. Koodissa on seitsemän bittiä. Oletetaan, että tiedonsiirrossa kukin bitti tulee oikeana perille 97 % todennäköisyydellä. Millä todennäköisyydellä koodiin tulee enintään yksi virhe?

212 T. Koripalloilija onnistuu vapaaheitossa 35 prosentin todennäköisyydellä. Hän heittää yhdeksän vapaaheittoa. Millä todennäköisyydellä niistä ainakin kolme onnistuu?

213 T. Pekka tietää kokemuksesta, että hän osuu tikanheitossa kymppiin 8 prosentin todennäköisyydellä. Pekka heittää viisi tikkaa. Millä todennäköisyydellä hän osuus kymppiin

a) ensimmäisellä, muttei muilla tikoilla,

b) ainakin yhdellä tikalla,

c) täsmälleen yhdellä tikalla?

LÄHDE: YLIOPPILASKOE KEVÄT 2000.

214^A T. Ratkaise *Pascalin kolmion* avulla yhtälö

$$\binom{9}{x} = 36.$$

Ohje: Pascalin kolmio löytyy taulukkokirjasta MAOL s. 56. Huomaa molemmat ratkaisut. Tarkista tulos [nCr]-näppäimen avulla.

11. Tuloperiaate | Jonot | Osajoukot

Tuloperiaate

Ravintolassa voi valita **5** alkuruokaa, **4** pääruokaa ja **7** jälkiruokaa. Erilaisien ateriayhdistelmien lukumäärä on $\mathbf{5} \cdot \mathbf{4} \cdot \mathbf{7} = 140$.

Jonot – alkioiden järjestys oleellinen

MAOL s. 52

Luvuista 1, 2, 3, 4, 5 6 ja7 muodostuu **7-alkioisia jonoja** $7! = 7 \cdot 6 \cdot 5 \cdot 4 \cdot 3 \cdot 2 \cdot 1 = 5040$ kpl. Järjestys on oleellinen ja kukin luku esiintyy täsmälleen yhden kerran.

(2, 3, 6, 1, 5, 7, 4)
(1, 2, 7, 6, 5, 3, 4)
(7, 6, 5, 4, 3, 1, 2)
- - - - - - - - - - - - -

näitä on 7! kpl

LASKIMELLA 7 [x!]

Jonot – alkioiden järjestys oleellinen

MAOL s. 52

Luvuista 1, 2, 3, 4, 5, 6 ja7 muodostuu **3-alkioisia jonoja** $7 \cdot 6 \cdot 5 = 210$ kpl. Järjestys on oleellinen ja kukin luku esiintyy enintään yhden kerran.

(1, 2, 3)
(1, 3, 2)
(7, 3, 4)
- - - - -

näitä on $7 \cdot 6 \cdot 5$ kpl

LASKIMELLA 7 [nPr] 3

Osajoukot – alkioiden järjestys epäoleellinen

MAOL s. 52

Luvuista 1, 2, 3, 4, 5 6 ja7 muodostuu **3-alkioisia joukkoja** $\binom{7}{3}$ kappaletta. Järjestys ei ole oleellinen, mutta kukin luku esiintyy enintään yhden kerran.

{1, 2, 3}
{1, 3, 7}
{7, 3, 4}
- - - - - -

näitä on $\binom{7}{3}$ kpl

LASKIMELLA 7 [nCr] 3

Esimerkki[A] Matka kaupungista A kaupunkiin B voidaan kulkea kolmea eri tietä pitkin ja kaupungista B edelleen kaupunkiin C kahta eri tietä pitkin:

A ⇶ B ⇉ C

Kuinka monta eri reittiä voidaan laatia matkalle kaupungista A kaupunkiin C?

Ratkaisu Matkan AB voi valita **3** eri tavalla ja matkan BC voi valita **2** eri tavalla. Tuloperiaatteen mukaan eri yhdistelmiä on $\mathbf{3} \cdot \mathbf{2} = 6$.

Vastaus Kaupungista A kaupunkiin C voidaan muodostaa 6 erilaista reittiä.

Esimerkki[A] Kuinka monta erilaista tikku-ukkoa voidaan tykötarpeista muotoilla?

Ratkaisu Tuloperiaatteen mukaan erilaisia yhdistelmiä on $1 \cdot 4 \cdot 2 \cdot 3 \cdot 2 = 48$.

Vastaus Voidaan muotoilla 48 erilaista tikku-ukkoa.

Esimerkki Avaimessa on yhdeksän lovea. Loven syvyys vaihtelee kahdeksalla eri tavalla. Kuinka monta erilaista avainta voi olla olemassa?

Ratkaisu

Tuloperiaatteen mukaan erilaisia avaimia on $8^9 = 134217728$ kappaletta.

Vastaus Erilaisia avaimia on 134 217 728 kpl.

Esimerkki[A] *Zenerin* kuvioita □ ○ △ ≋ ✣ käytetään telepatiakokeissa. Kuinka monta kolmen kuvion jonoa voidaan niistä muodostaa? Jonossa yksi kuvio esiintyy enintään kerran.

Ratkaisu **5** kuviota, joista muodostetaan **3**-alkioisia jonoja (järjestys oleellinen) lukumäärä on $5 \cdot 4 \cdot 3 = 60$

Vastaus Kolmen kuvion jonoja on 60.

Esimerkki Kuinka moneen eri järjestykseen voi kahdeksan henkilöä käydä istumaan **a)** pitkälle penkille, **b)** pyöreän pöydän ympärille.

Ratkaisu a) Erilaisten järjestyksien lukumäärä on $8! = 40320$.

b) Kuvitellaan että 8 tuolia on asetettu pöydän ympärille ilmansuuntien ja väli-ilmansuuntien mukaan. Jos ensimmäinen henkilö valitsee vaikkapa tuolin P, loput 7 voivat valita paikkansa 7! eri tavalla. Jos ensimmäinen henkilö olisi valinnut tuolin L, voivat taas loput 7 valita paikkansa 7! eri tavalla. Molemmilla tavoilla saadaan kuitenkin samat järjestykset, ainoastaan henkilöiden katselusuunnat ovat eroavat. Päätellään, että erilaisia järjestyksiä on $7! = 5040$ kappaletta.

Vastaus a) 40 320 eri järjestykseen, **b)** 5 040 eri järjestykseen.

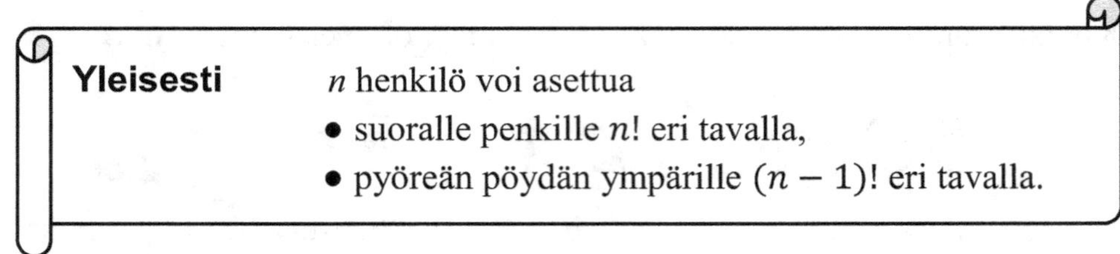

Yleisesti n henkilö voi asettua

- suoralle penkille $n!$ eri tavalla,
- pyöreän pöydän ympärille $(n-1)!$ eri tavalla.

Esimerkki[A] Shakkiturnaukseen osallistuu kuusi pelaajaa. Jokainen pelaa kerran jokaista vastaan. Kuinka monta peliä pelataan?

Ratkaisu Olkoon pelaajien joukko $\{1, 2, 3, 4, 5, 6\}$. Peli voidaan tulkita tämän 2-alkioiseksi osajoukoksi. Esimerkiksi $\{4, 5\}$ tarkoittaa pelaajien 4 ja 5 välistä peliä.

6-alkioisella joukolla on 2-alkioisia osajoukkoja $\binom{6}{2} = 15$ kappaletta. Näppäile 6 [nCr] 2. Katso seuraavan sivun yläosassa olevaa huomautusta.

Vastaus Turnauksessa pelataan 15 peliä.

Tarkistus Laaditaan ruudukko kuvaamaan pelejä. Rasti × tarkoittaa peliä.

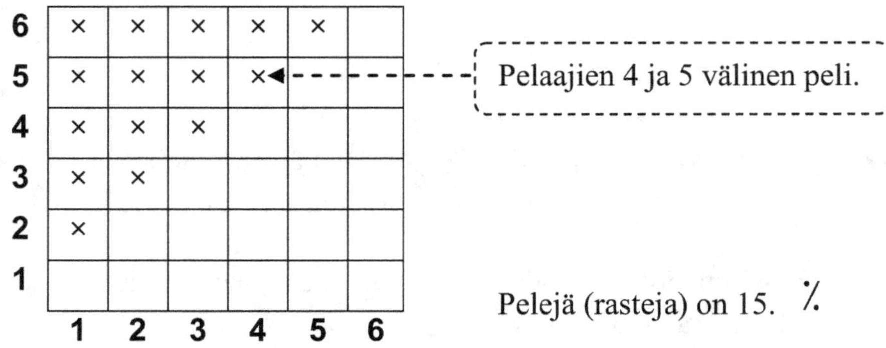

6	×	×	×	×	×	
5	×	×	×	×		
4	×	×	×			
3	×	×				
2	×					
1						
	1	**2**	**3**	**4**	**5**	**6**

Pelejä (rasteja) on 15. ✓

Jos laskinta ei ole käytössä, kerroin $\binom{6}{2}$ nähdään *Pascalin kolmiosta* MAOL s. 60. Kerroin saadaan myös kaavan MAOL s. 60 ylhäällä avulla:

$$\binom{6}{2} = \frac{6 \cdot 5}{1 \cdot 2} = \frac{30}{2} = 15$$

Esimerkki Villatakissa on 10 nappia. Kuinka monella eri tavalla voi neljä nappia olla auki?

Ratkaisu Olkoon $\{1, 2, 3, 4, 5, 6, 7, 8, 9, 10\}$ nappien joukko. Neljän napin aukiolo voidaan tulkita tämän 4-alkioisena osajoukkona. Esimerkiksi $\{1, 7, 8, 9\}$ kertoo, että napit 1, 7, 8 ja 9 ovat auki.

10-alkioisen joukon 4-alkioisten osajoukkojen lukumäärä on $\binom{10}{4} = 210$.

Vastaus Neljä nappia voi olla auki 210 eri tavalla.

Esimerkki Lotossa arvotaan 7 numeroa 40 numeron joukosta. Järjestyksellä ei ole merkitystä. **a)** Kuinka monta erilaista lottoriviä on olemassa. **b)** Kuinka monessa on mukana ennalta määrätty "onnennumero", esimerkiksi 3?

Ratkaisu a) Lottorivi on joukon $\{1, 2, 3, \ldots, 40\}$ 7-alkioinen osajoukko. Niiden lukumäärä on

$$\binom{40}{7} = 18643560.$$

b) Kuvitellaan aluksi, että lottopalloista poistetaan numero 3. Jäljelle jäävistä palloista arvotaan kuusi. Kysymyksessä ovat joukon $\{1, 2, 4, \ldots, 40\}$ 6-alkioiset osajoukot. Niiden lukumäärä on

$$\binom{39}{6} = 3262623.$$

Liitetään sitten jokaiseen osajoukkoon onnennumero 3. Osajoukkojen määrä ei kasva. Näin saadaan joukon $\{1, 2, 3, \ldots, 40\}$ kaikki 7-alkioiset osajoukot joissa numero 3 on mukana. Niiden lukumäärä on siis edellä laskettu 3 262 623.

Vastaus a) 18 643 560 kpl, **b)** 3 262 623.

Esimerkki Kuinka monta lävistäjää voidaan piirtää säännölliseen 12-kulmioon?

Ratkaisu Numeroimme säännöllisen 12-kulmion kärjet 1, 2, 3, …, 12 (kuten tunnit kellotaulussa). Tällöin kahden kärjen joukko kuvaa yhtä lävistäjää tai sivua. Esimerkiksi {2, 9} esittää kärkien 2 ja 9 välistä lävistäjää.

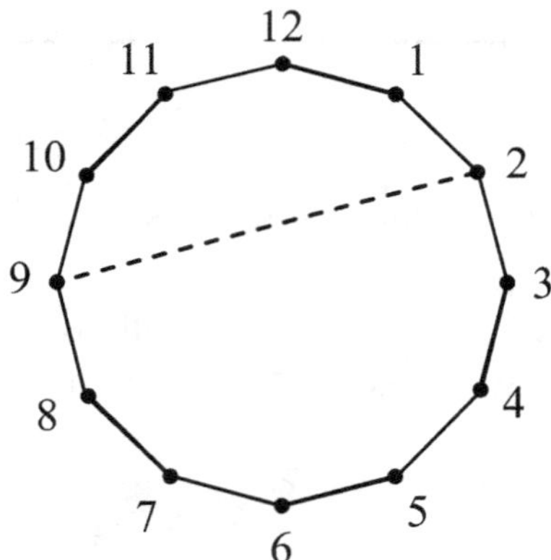

12-alkioisessa joukossa on 2-alkioisia osajoukkoja $\binom{12}{2} = 66$ kappaletta. Kuitenkin tässä ovat mukana sivut. Lävistäjien lukumäärä on siten 66 – 12 = 54.

Vastaus Säännölliseen 12-kulmioon voidaan piirtää 54 lävistäjää.

Esimerkki Henkilö onkii neljä erikokoista kalaa. Millä todennäköisyydellä kalat tulevat pituusjärjestyksessä pienin ensin? Oletetaan, että kalat tulevat satunnaisessa järjestyksessä.

Ratkaisu Erilaisia järjestyksiä on $4! = 1 \cdot 2 \cdot 3 \cdot 4 = 24$. Näistä ainoastaan yksi on suotuisa, joten kysytty todennäköisyys on $\frac{1}{24}$.

Vastaus Henkilö saa kalat suurusjärjestyksessä todennäköisyydellä $\frac{1}{24}$.

Esimerkki Arvotaan 4-kirjaimisen merkkijonon kirjaimet joukosta {A, B, C, D, E, F}. Sama kirjain voi esiintyä useitakin kertoja. Millä todennäköisyydellä merkkijonon jokainen kirjain on erilainen?

Ratkaisu Merkkijonon 4 kirjainta voidaan kukin valita 6 vaihtoehdosta, joten mahdollisten merkkijonojen lukumäärä on $6^4 = 1296$.

Suotuisat merkkijonot ovat joukon {A, B, C, D, E, F} 4-kirjaimisia jonoja, joissa kirjainten järjestys on oleellinen ja tietty kirjain esiintyy enintään kerran. Niiden lukumäärä on $6 \cdot 5 \cdot 4 \cdot 3 = 360$.

Todennäköisyys, että merkkijonon jokainen kirjain on erilainen, on $\frac{360}{1296} = \frac{5}{18}$.

Vastaus Merkkijonon jokainen kirjain on erilainen todennäköisyydellä $\frac{5}{18}$.

"Tuoreet ja vanhat pullat"

Kauppiaalla on myynnissä 20 pullaa. Niistä tuoreita on 15 ja vanhoja 5. Pahaa aavistamaton asiakas ottaa umpimähkäisesti 7 pullaa. Millä todennäköisyydellä asiakas saa 4 tuoretta ja 3 vanhaa pullaa?

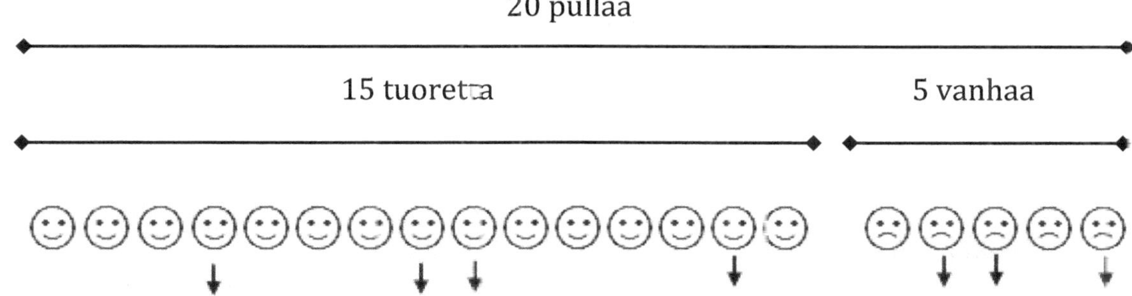

Ratkaisu perustuu osajoukkojen lukumäärään ja kertolaskusääntöön.

20 pullaa 7-alkioisia osajoukkoja $\binom{20}{7}$ kpl

15 tuoretta 4-alkioisia osajoukkoja $\binom{15}{4}$ kpl

5 vanhaa 3-alkioisia osajoukkoja $\binom{5}{3}$ kpl

yhdistelmiä $\binom{15}{4} \cdot \binom{5}{3}$ kpl

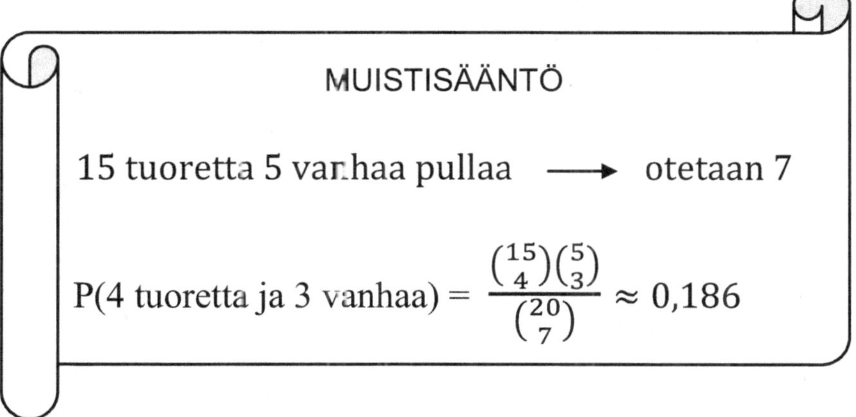

Kauppiaalla on myynnissä 20 pullaa. Niistä tuoreita on 15 ja vanhoja 5. Pahaa aavistamaton asiakas ottaa umpimähkäisesti 7 pullaa. Millä todennäköisyydellä asiakas saa 7 tuoretta ja 0 vanhaa pullaa? Muistisääntö soveltuu myös nyt.

$$P(\text{7 tuoretta ja 0 vanhaa}) = \frac{\binom{15}{7}\binom{5}{0}}{\binom{20}{7}} \approx 0{,}083$$

Esimerkki Joukkueeseen kuuluu 50 urheilijaa, joista 5 on käyttänyt vilppilääkintää (dopingia). Joukkueesta testataan satunnaiset 25 urheilijaa. Millä todennäköisyydellä kaksi vilppilääkintää käyttänyttä urheilijaa joutuu testiin?

Ratkaisu perustuu osajoukkojen lukumääriin ja kertolaskusääntöön.

45 rehellistä ja 5 vilpillistä ⟶ 25 satunnaista
P(23 rehellistä ja 2 vilpillistä) = ?

50 urheilijaa 25-alkioisia osajoukkoja $\binom{50}{25}$ kpl

45 rehellistä 23-alkioisia osajoukkoja $\binom{45}{23}$ kpl

5 vilpillistä 2-alkioisia osajoukkoja $\binom{5}{2}$ kpl

} yhdistelmiä $\binom{45}{23}\binom{5}{2}$ kpl

$$\text{P(43 rehellistä ja 2 vilpillistä)} = \frac{\binom{45}{23}\binom{5}{2}}{\binom{50}{25}} = 0{,}3256\ldots \approx 33\ \%$$

Vastaus Kaksi vilppilääkintää käyttänyttä urheilija joutuu testiin todennäköisyydellä 33 %.

Harjoituksia

215^A. Pankkikortin tunnusluku on neljän numeron jono, esimerkiksi 0977. Osoita, että 12 000 pankkikorttia käyttävästä asiakkaasta ainakin kahdella on sama tunnusluku.

216^A. Jäätelökauppias myy tarjouksessa yhden pallon tötteröitä. Pallon voi valita seitsemästä jäätelölajista. Pallojen päälle saa valita yhden kymmenestä sirotteesta. Kuinka monta erilaista jäätelöä on tarjouksessa?

217^A. Huoneessa on kuusi lamppua, joista kukin voi palaa tai olla palamatta. Kuinka monella eri tavalla huone voi olla valaistu?

218. Mummolla on kuusi lastenlasta. Kuinka monessa eri kokoonpanossa lapset voivat tulla mummolaan kylään?

219^A. Vuoren huipulle johtaa viisi erillistä polkua. Kuinka monta eri reittiä on huipulle ja takaisin, kun nousu huipulle ja lasku huipulta tapahtuu eri reittejä?

Teiden huippu.

220. Opettaja palauttaa matematiikan kokeen kahdeksalle opiskelijalle, jotka kaikki saavat eri arvosanan. Opiskelijat saavat paperit umpimähkäisessä järjestyksessä. Millä todennäköisyydellä järjestys kuitenkin sattuu olemaan paremmuusjärjestys?

221. Horoskooppia laativa tietokoneohjelma muodostaa lauseita siten, että se arpoo lauseen

ensimmäisen sanan joukosta {*Tänään, Huomenna, Ylihuomenna*},
toisen sanan joukosta {*seuraasi, viereesi, luoksesi, mukaasi*},
kolmannen sanan joukosta {*saapuu, joutuu, eksyy, soluttautuu*},
neljännen sanan joukosta {*söpö, vaalea, tumma, outo, ristiverinen*},
viidennen sanan joukosta {*agentti, filosofi, kulkija, matkaaja, ystävä*}.

Kuinka monta erilaista viisisanaista lausetta voi muodostua?

222. Kuinka monta 4-alkioista osajoukkoa on joukolla {1, 2, 3, 4, 5, 6, 7}?

223. Kuinka monta 4-alkioista jonoa voidaan joukon {1, 2, 3, 4, 5, 6, 7} alkioista muodostaa, kun sama luku saa esiintyä jonossa
a) ainoastaan kerran, **b)** useitakin kertoja?

224. Erään järjestelmän salasanat muodostetaan käyttämällä aakkosten pieniä kirjaimia a - z. Myös w on mukana, joten kirjaimia on 26 kappaletta.

a) Kuinka monta erilaista seitsemänkirjaimista salasanaa on olemassa?

b) Tietokone voi murtaa salasanan *brute-force* -menetelmällä, jolloin se järjestelmällisesti kokeilee kaikki mahdolliset kirjainyhdistelmät yksi kerrallaan. Kuinka kauan kaikkien edellä mainittujen salasanojen kokeilu kestäisi murto-ohjelmalla, jonka tutkii miljoona sanaa sekunnissa?

225. Ryhmään kuluu 10 naista ja 12 miestä. Ryhmän jäsenistä muodostetaan toimikunta, johon kuuluu kaksi naista ja kaksi miestä. Kuinka monta erilaista toimikuntaa on olemassa?

226. Henkilöt A, B, C, D ja E käyvät penkille istumaan umpimähkäiseen järjestykseen. Millä todennäköisyydellä A ja B tulevat vierekkäin?

Ohje: Esimerkiksi C **A B** D E on suotuisa alkeistapaus. Jos A ja B pitävät paikkansa, voivat muut istua 3! eri järjestyksessä. Myös C **B A** D E on suotuisa alkeistapaus. Jos A ja B pitävät paikkansa, voivat muut istua 3! eri järjestyksessä.

227. Neljä korttia on merkitty numeroin 1, 2, 3 ja 4. Kortit asetetaan pöydälle riviin satunnaiseen järjestykseen, jolloin muodostuu nelinumeroinen luku. Millä todennäköisyydellä luku on suurempi kuin 4000?

228. Millä todennäköisyydellä kuuden nopan heitossa kaikki pisteluvut esiintyvät?

229. Ilmapallojen myyjällä on 20 nalle- ja 30 pupupalloa. Nipusta pääsee karkuun satunnaiset viisi palloa. Millä todennäköisyydellä karkuun pääsee kaksi nallea ja kolme pupua?

230. Opiskelijan urakkana on lukea sanakokeeseen 50 sanaa. Hän ehtii opetella ainoastaan 40 sanaa. Kokeeseen tulee 10 sanaa. Millä todennäköisyydellä hän osaa niistä yhdeksän?

231. Sienikurssilla opetettiin tunnistamaan 78 erilaista sientä, joista kurssilainen oppi kuitenkin vain 49. Kuinka suurella todennäköisyydellä hän tunnisti oikein hänelle satunnaisesti esitetyt kuusi erilaista kurssilla opetettua sientä?

12. Tilastot

MAOL s. 48 - 49

Jakauma

Tarkastellaan esimerkkinä oppilasryhmän matematiikan arvosanoja 6, 7, 7, 8, 8, 8, 8, 8,10 ja 10. Arvosanojen **jakauma** kertoo jokaisen arvosanan lukumäärän eli **frekvenssin**. Jakauma voidaan myös ilmoittaa antamalla kunkin arvosanan **suhteellinen frekvenssi** eli lukumäärän osuus kaikkien arvosanojen lukumäärästä. Jakauman luonnollisia esitysmuotoja ovat **taulukot** ja erilaiset **diagrammit**.

Histogrammi ↘

Arvosana	Frekvenssi	Suhteellinen frekvenssi	
6	1	10 %	**0,1**
7	2	20 %	**0,2**
8	5	50 %	**0,5**
9	0	0 %	**0,0**
10	2	20 %	**0,2**
yhteensä	10	100 %	**1,0**

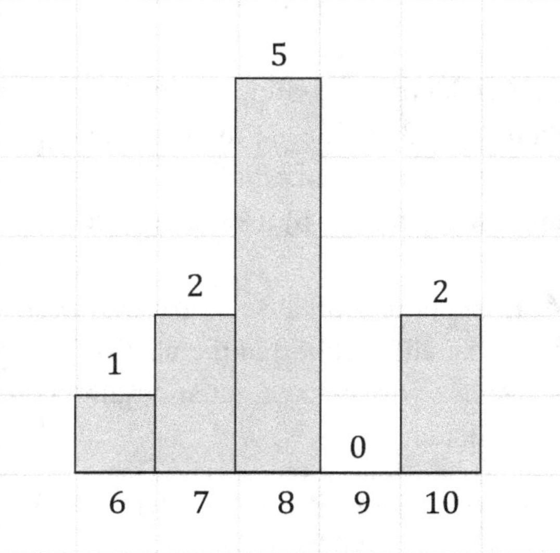

Moodi ja mediaani

Yhdellä silmäyksellä nähdään, että tavallisin arvosana eli arvosanojen **moodi** on 8.

Arvosanojen **mediaani** ilmenee, kun arvosanat luetellaan suuruusjärjestyksessä. Jos arvosanoja olisi pariton määrä, olisi keskimmäinen arvosana mediaani. Tässä tapauksessa arvosanoja on parillinen määrä, jolloin arvosanojen mediaani on kahden keskimmäisen keskiarvo eli $\frac{8+8}{2} = 8$.

Keskiarvo

Arvosanojen **keskiarvo** saadaan jakamalla arvosanojen summa niiden lukumäärällä. Keskiarvo on

$$\overline{x} = \frac{6+7+7+8+8+8+8+8+10+10}{10} = 8.$$

Keskiarvo saadaan helposti suhteellisten frekvenssien avulla. Keskiarvo on

$$\overline{x} = \mathbf{0,1} \cdot 6 + \mathbf{0,2} \cdot 7 + \mathbf{0,5} \cdot 8 + \mathbf{0,2} \cdot 10 = 8.$$

Keskihajonta

Arvosanojen **keskihajonta** eli lyhyemmin **hajonta** kuvaa ”tiukkuutta” jolla arosanat pakkautuvat keskiarvon läheisyyteen. Se lasketaan seuraavasti.

arvosanat	6	7	7	8	8	8	8	8	10	10	→ keskiarvo 8
poikkeama keskiarvosta	2	1	1	0	0	0	0	0	2	2	
poikkeamien neliöt	4	1	1	0	0	0	0	0	4	4	→ keskiarvo 1,4

Taulukosta ilmenevä poikkeamien neliöiden keskiarvo 1,4 on arvosanojen **varianssi**. Keskihajonta s saadaan ottamalla neliöjuuri varianssista.

$$s = \sqrt{1{,}4} = 1{,}183 \ldots \approx 1{,}2$$

Huomautus Neliöiden keskiarvoa laskettaessa jaetaan neliöiden summa lukumäärällä, joka tässä esimerkissä on 10. Jos kysymyksessä olisi **otos**, pitäisi jakajana käyttää yhtä pienempää lukua, tässä tapauksessa lukua 9. Asialla on vain vähän käytännön merkitystä. Laskinten tilasto-ohjelmat palauttavat yleensä molemmat hajonnat, esimerkiksi δ_n = populaation hajonta, δ_{n-1} = otoksen hajonta.

Huomautus Moodin, mediaanin, keskiarvon ja keskihajonnan yksikkö on sama kuin havaintoarvojen yksikkö.

Huomautus Suhteelliset frekvenssit voidaan toisinaan tulkita todennäköisyyksiksi, jolloin jakaumaa voidaan pitää todennäköisyysjakaumana. Sen keskiarvo ja -hajonta lasketaan edellä esitetyllä tavalla.

Keskihajonta toisella tavalla

MAOL s. 48 kaava 8

arvosanat	6	7	7	8	8	8	8	8	10	10	→ keskiarvo 8
neliöt	36	49	49	64	64	64	64	64	100	100	→ keskiarvo 65,4

Varianssi = (neliöiden keskiarvo) – (keskiarvon neliö) = 65,4 – 8^2 = 1,4.

Keskihajonta

$$s = \sqrt{\text{varianssi}} = \sqrt{1{,}4} = 1{,}183 \ldots \approx 1{,}2.$$

Kun käytät laskimen tilastotoimintoja, muista nollata laskimen muistista kaikki aikaisemmat arvot. Nollaa ne myös **hyvissä ajoin** ennen ylioppilaskoetta. Huomaa, että jos palautat laskimeen ”tehtaan säädöt”, jotkut toiminnot voivat muuttua vieraiksi.

Sigma-merkintä

MAOL s. 9

$$\sum_{i=1}^{5} i^2 = 1^2 + 2^2 + 3^2 + 4^2 + 5^2 = 55$$

Lausekkeeseen i^2 on sijoitettu vuoronperään i:n paikalle 1, 2, 3, 4 ja 5 ja laskettu saatujen lukujen summa.

$$\sum_{i=1}^{n} x_i = x_1 + x_2 + x_3 + \cdots + x_n$$

Lukujen $x_1,\ x_2,\ x_3,\ \ldots, x_n$ summa.

Esimerkki Jääkiekkoturnauksessa pelattiin 46 ottelua. Niissä tehtiin maaleja seuraavasti.

Maaleja	2	3	4	5	6	7	8	9	10	11	yhteensä
Otteluita	1	1	5	6	7	9	4	8	4	1	46

Määritä maalien lukumäärän **a)** moodi ja mediaani, **b)** keskiarvo ja keskihajonta. **c)** Kuinka monessa ottelussa maalien määrä poikkesi keskiarvosta enintään keskihajonnan verran?

Ratkaisu a) Tavallisin maalien lukumäärä oli 7, joten se on maalien lukumäärän moodi. Asetetaan ottelut järjestykseen maalien lukumäärän mukaan. Tehdään se tässä konkreettisesti.

↓
2 3 4 4 4 4 4 5 5 5 5 5 5 6 6 6 6 6 6 6 7 7 7 7 7 7 7 7 7 8 8 8 8 9 9 9 9 9 9 9 9 10 10 10 10 11

Nähdään, että kahdessa keskimmäisessä ottelussa tehtiin 7 maalia, joten maalien lukumäärän mediaani on 7.

b) Määritetään maalien lukumäärän keskiarvo ja hajonta laskimen tilastotoimien avulla.

keskiarvo = 6,84 ... ≈ 6,8 (maalia)
keskihajonta = 2,10 ... ≈ 2,1 (maalia)

c) Kysytään, kuinka monen ottelun maalien määrää kuuluu väliin

[keskiarvo − keskihajonta , keskiarvo + keskihajonta] ≈ [4,74 ; 8,95]

5	6	7	8
6	7	9	4

26 ottelua

Vastaus **a)** Moodi = 7 maalia, mediaani = 7 maalia,
b) keskiarvo = 6,8 maalia, keskihajonta = 2,1 maalia.
c) 26 ottelussa.

Histogrammista viivadiagrammiin

Tarkastelemme vielä aloitusesimerkin arvosanajakaumaa. Ajattelemme pylväikön vasemmalle ja oikealle reunalle "nollapylväät". Yhdistämme sitten pylväiden "kattojen" keskipisteet peräkkäin.

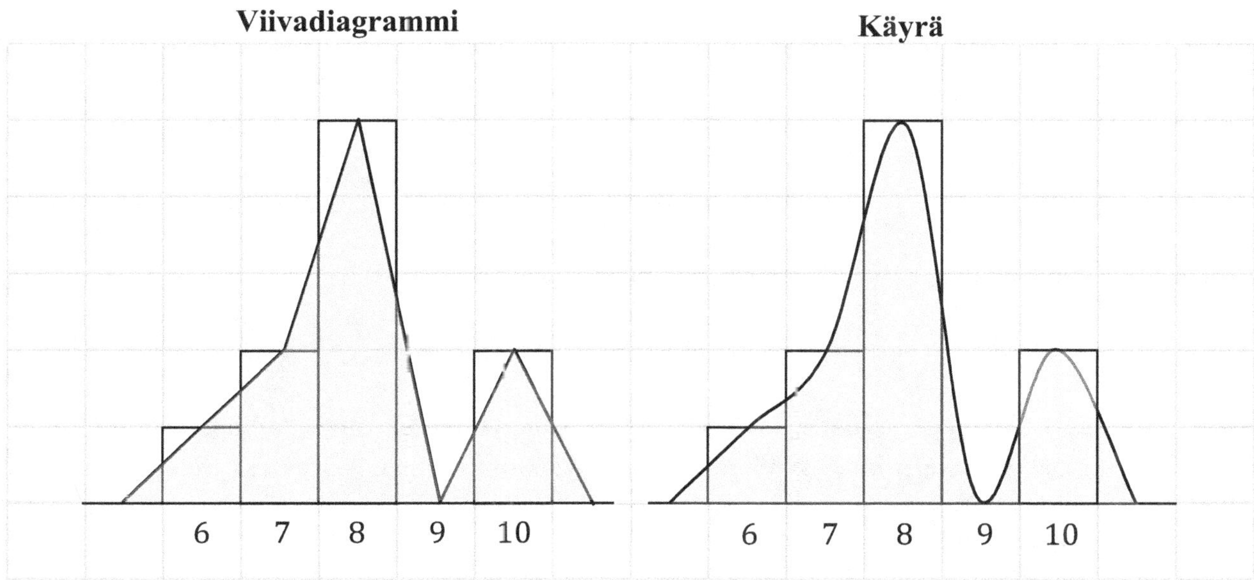

Kunkin pylvään korkeus kuvaa kyseisen arvosanan lukumäärää. Pylväät ovat tasalevyisiä, joten myös pylvään **pinta ala** kuvaa samaa asiaa! Koko histogrammin rajaama alue vastaa siten kokonaisfrekvenssiä 100 %. Piirtämistavasta johtuen myös **viivadiagrammi** rajaa alueen, jonka pinta-ala vastaa kokonaisfrekvenssiä 100 %. Oikeanpuoleiseen kuvaan on viivadiagrammia mukailtu **kaarevalla käyrällä**.

Esimerkki Seuraavat viivadiagrammit esittävät hevosten säkäkorkeuden (cm) jakaumaa kahdella tallilla A ja B. Kummassa tallissa on säkäkorkeuden keskihajonta pienempi?

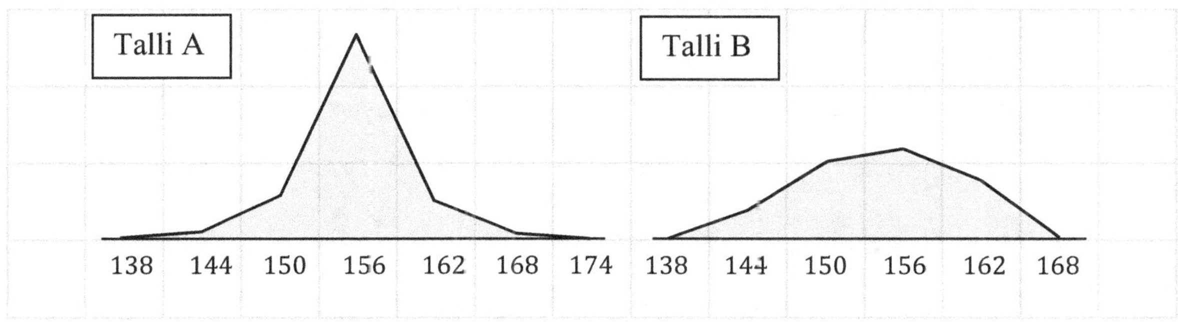

Vastaus Säkäkorkeuden keskiarvo molemmissa talleissa näyttää olevan noin 156 cm. Tallissa A säkäkorkeudet pakkautuvat tiiviimmin keskiarvon läheisyyteen, joten säkäkorkeuksien hajonta on pienempi tässä tallissa.

Normaalijakauma T

MAOL s. 52, 60 - 61

Liikennetarkkailussa mitattiin autojen nopeuksia. Nopeuksien keskiarvo oli 99 km/h ja keskihajonta 13 km/h. Nopeuksien jakaumaa havainnollistettiin viivadiagrammia mukailevalla kaarevalla käyrällä. Ilmeni, että käyrä muistutti kissankellon profiilia.

Tässä tapauksessa nopeudet noudattivat varsin tarkasti **normaalijakaumaa**, tarkemmin sanottuna normaalijakaumaa **parametrein** 99 km/h ja 13 km/h. Asia ilmoitetaan lyhyesti kirjoittamalla

nopeudet (km/h) ~ N(99, 13).

Vastaava käyrä, kissankellon profiili, on normaalijakauman **tiheysfunktio**, tai oikeammin tiheysfunktion kuvaaja. Kuvaajaa kutsutaan **kellokäyräksi** tai **Gaussin käyräksi**. Kuvaajan huippu asettuu keskiarvon kohdalla.

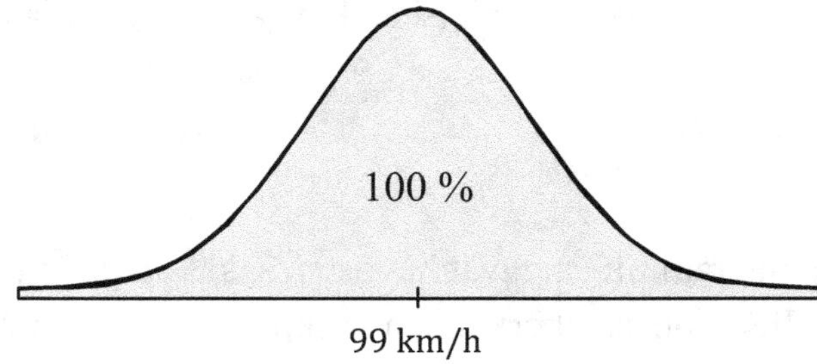

Jakaumaan liittyvä **kertymäfunktio** $F(x)$ ilmoittaa kellokäyrän ja x-akselin rajaaman alueen pinta-alan "kaukaa vasemmalta" kohtaan x piirrettyyn pystylinjaan asti. Esimerkiksi $F(110)$ kertoo kuinka suuri osa autoista ajoi enintään nopeutta 110 km/h. Silmämäärin arvioiden $F(110) = 0{,}80 =$ 80 %.

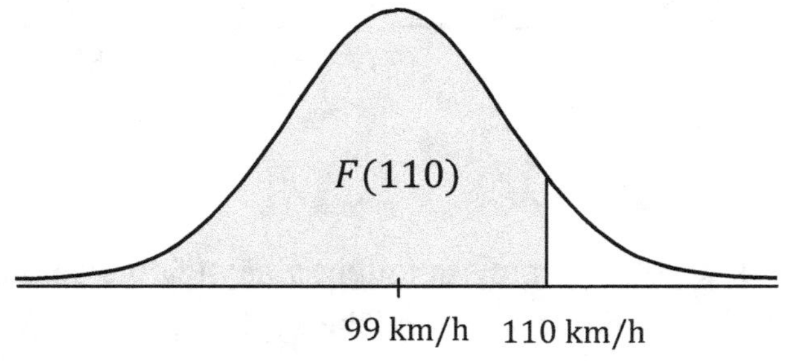

Selvitetään taulukon avulla, kuinka suuri osa autoilijoista ajoi enintään nopeutta 110 km/h.

Aloitetaan **normittamalla** jakauma siten, että sen keskiarvoksi tulee 0 ja keskihajonnaksi 1. Normitetun jakauman kertymäfunktiosta käytetään symbolia Φ.

normitus $x = 110 \longrightarrow z = \frac{110-\text{keskiarvo}}{\text{hajonta}} = \frac{110-99}{13} \approx 0{,}85$

	?	
alkuperäiset:	99 km/h	110 km/h
normitetut:	0	0,85

MAOL s. 61

	0	1	2	3	4	5	6	7	8	9
0,0	0,5000	5040	5080	5120	5160	5199	5239	5279	5319	5359
0,1	5398	5438	5478	5517	5557	5596	5636	5675	5714	5753
0,2	5793	5832	5871	5910	5948	5987	6026	6064	6103	6141
0,3	6179	6217	6255	6293	6331	6368	6406	6443	6480	6517
0,4	6554	6591	6628	6664	6700	6736	6772	6808	6844	6879
0,5	6915	6950	6985	7019	7054	7088	7123	7157	7190	7224
0,6	7257	7291	7324	7357	7389	7422	7454	7486	7517	7549
0,7	7580	7611	7642	7673	7704	7734	7764	7794	7823	7852
0,8	7881	7910	7939	7967	7995	8023	8051	8078	8106	8133
0,9	8159	8186	8212	8238	8264	8289	8315	8340	8365	8389
1,0	8413	8438	8461	8485	8508	8531	8554	8577	8599	8621
1,1	8643	8665	8686	8708	8729	8749	8770	8790	8810	8830
1,2	8849	8869	8888	8907	8925	8944	8962	8980	8997	9015
1,3	9032	9049	9066	9082	9099	9115	9131	9147	9162	9177
1,4	9192	9207	9222	9236	9251	9265	9279	9292	9306	9319

Arvoa 0,85 vastaava kertymäfunktion arvo löytyy taulukosta seuraavasti. Etsitään alkuosan **0,8**5 rivi vasemmalta ja loppuosan 0,8**5** sarake ylhäältä. Rivin ja sarakkeen yhtymäkohdassa on ”koodi” 8023, joka tarkoittaa haettua lukua 0,8023.

$$\Phi(0{,}84) = 0{,}8023 \approx 0{,}80 = 80\ \%$$

Autoista 80 % ajoi enintään nopeutta 110 km/h.

Laskimen tilastotoiminnoilla pääset helposti samaan tulokseen. Jos käytät ylioppilaskokeessa laskimen tilasto-ominaisuuksia, dokumentoi suorituksesi huolella. Piirrä kuva ja kerro mitä olet laskenut ja miten päädyit tulokseen. Arvioi vastauksen oikeellisuus.

Tilastomatematiikassa keskiarvo merkitään usein kreikkalaisella kirjaimella μ ”myy” ja keskihajontaa kirjaimella σ ”sigma”. Tällöin normituskaava saa muodon

$$z = \frac{x-\mu}{\sigma}$$

MAOL s. 52

Keskiarvoa kutsutaan todennäköisyysjakauman yhteydessä **odotusarvoksi**.

Esimerkki T Pyysyvien hampaiden puhkeaminen voi alkaa alaleuan ensimmäisestä hampaasta. Puhkeamisikä (kk) pojilla noudattaa likipitäen normaalijakaumaa N(82, 10). Kuinka suurelle osalle pojista kyseinen hammas puhkeaa 6-vuotisyntymäpäivän jälkeen?

Ratkaisu 6 vuotta = 72 kuukautta

puhkeamisikä (kk) ~ N(82, 10)

normitus: $x = 72$ $\quad z = \frac{x-\mu}{\sigma} = \frac{72-82}{10} \approx -1{,}00$

Negatiivinen, koska on keskiarvon vasemmalla puolella.

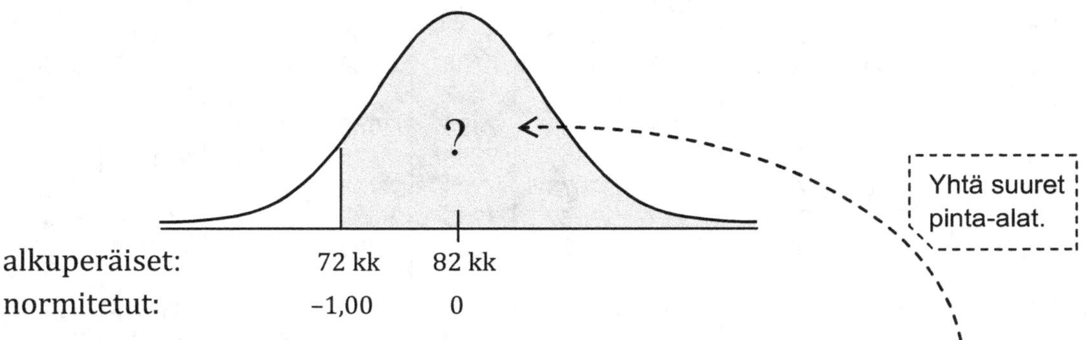

Taulukkokirja ei anna suoraan kysyttyä pinta-alaa, vaan se päätellään kellokäyrän symmetrisyyden nojalla.

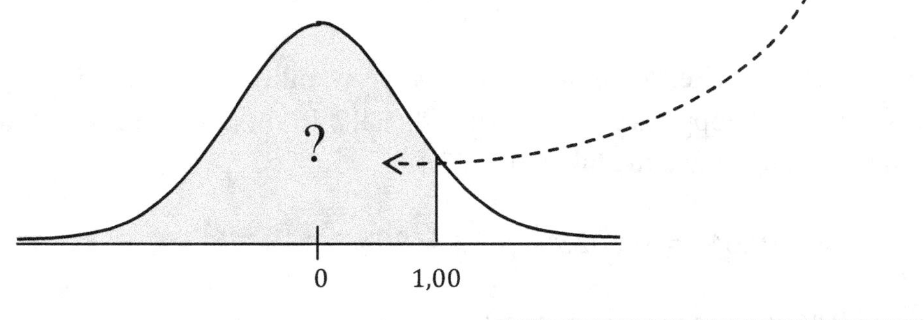

$\Phi(1{,}00) = 0{,}8413 \approx 84\ \%$

Laskin antaa saman tuloksen muutamalla näppäyksellä.

Vastaus Noin 84 prosentilla pojista ensimmäinen kulmahammas puhkeaa 6-vuotissyntymäpäivän jälkeen.

Esimerkki T Opettajan antamat matematiikan kurssiarvosanat noudattavat normaalijakaumaa, jonka keskiarvo $\mu = 7{,}2$ ja keskihajonta $\sigma = 1{,}2$. Kuinka suuri osa opiskelijoista saa arvosanan 9?

Ratkaisu Tehtävän ratkaisu edellyttää arvostelujärjestelmän perusteiden tuntemusta. Kuvitellaan, että arvosanojen jakaumasta on alun perin tehty histogrammi. Arvosanan 9 kohdalla olevan pylvään pinta-ala on vastaus kysymykseen. Pylvään vasen reuna on kohdassa 8½ ja oikea kohdassa 9½. Arvosana 9 samaistuu siis väliin 8½ … 9½.

arvosana ~ N(7,2; 1,2)

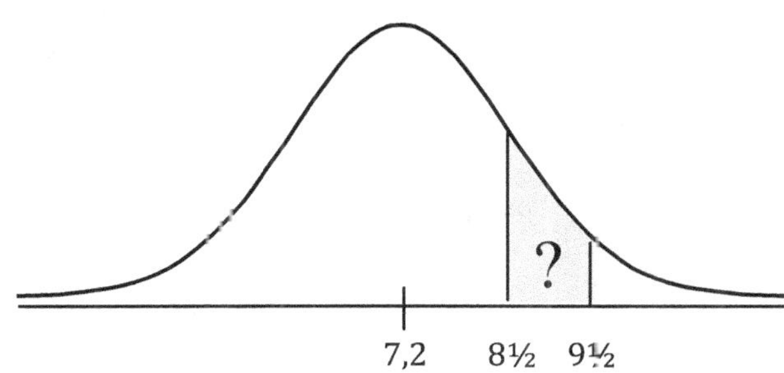

Laskin antaa kaistaleen pinta-alan 0,1127 ≈ 11 %.

Vastaus Noin 11 % opiskelijoista saa arvosanan 9.

Esimerkki T Kaksivuotiaiden suomalaisten tyttöjen pituus noudattaa normaalijakaumaa, jonka keskiarvo on 87 cm ja keskihajonta 3 cm. Kuinka monta prosenttia tytöistä on pituudeltaan 80 cm - 90 cm?

Ratkaisu pituus (cm) ~ N(87, 3)

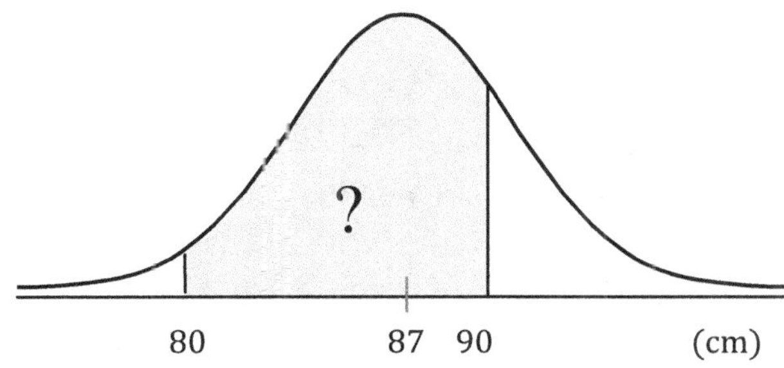

Laskin antaa kaistaleen pinta-alan 0,8314 ≈ 83 %.

Vastaus Noin 83 % kaksivuotiaista tytöistä on 80 cm - 90 cm pitkä.

Esimerkki T* Henkilö tutkii suomalaisten orihevosten säkäkorkeuksia. Hänellä on käytössään 61 orihevosen otos, jossa säkäkorkeuden keskiarvo on 157 cm ja keskihajonta 3,9 cm. Määritä 95 prosentin luottamusväli suomalaisten orihevosten keskimääräiselle säkäkorkeudelle. Oletetaan, että orihevosten säkäkorkeus noudattaa normaalijakaumaa. Otoksen pienehkö koko edellyttää, että luottamusvälin kaavan luku 1,96 on korvattava luvulla 2,00.

Ratkaisu Sovelletaan perusjoukon odotusarvon luottamusvälin kaavaa MAOL s. 53, kaava 1.

- Otoksen
  keskiarvo on $\overline{x} = 157$ cm ja
  keskihajonta on $s = 3{,}9$ cm.
- Luottamusvälin kaavassa esiintyvä *virhemarginaali* on

$$2{,}00 \cdot \frac{3{,}9}{\sqrt{61}} \approx 1{,}00$$

- Luottamusvälin
  alaraja on $157 - 1{,}00 \approx 156{,}0$ cm ja
  yläraja on$157 + 1{,}00 \approx 158{,}0$ cm.

Vastaus Keskimääräisen säkäkorkeuden 95 %:n luottamusväli on $[156{,}0 \text{ cm} ; 158{,}0 \text{ cm}]$.

Huomautus Kyseessä on kaksisuuntainen testi, jonka vapausasteluku on 61 – 1 = 60. Luottamusvälin luku 1,96 on korvattava t-taulukon sarakkeelta $p = 0{,}05$ löytyvällä arvolla 2,00. MAOL s. 59

Esimerkki T* Tutkittiin televisio-ohjelman suosiota haastattelemalla 956 ohjelman katsonutta henkilöä. Heistä 27 % ilmoitti pitävänsä ohjelmaa erinomaisena. Määritä 99 %:n luottamusväli tälle prosenttiosuudelle.

Ratkaisu Sovelletaan suhteellisen osuuden luottamusvälin kaavaa MAOL s. 53, kaava 2.

- Otoksen koko $n = 956$.
- Otoksesta laskettu suhteellinen osuus $\hat{p} = 27\ \% = 0{,}27$.
- Suhteellisen osuuden otosjakauman keskihajonta on

$$s = \sqrt{\frac{0{,}27(1-0{,}27)}{956}} = 0{,}0143 \ldots$$

- Luottamusvälin alaraja on $0{,}27 - 2{,}58 \cdot 0{,}0143 \ldots = 0{,}2329 \ldots \approx 0{,}23 = 23\ \%$
- Luottamusvälin yläraja on $0{,}27 + 2{,}58 \cdot 0{,}0143 \ldots = 0{,}3070 \ldots \approx 0{,}31 = 31\ \%$

Vastaus Erinomaisena ohjelmaa pitävien suhteellinen luottamusväli 99 %:n luottamustasolla on $[23\ \%, 31\ \%]$.

Korrelaatio T*

Seuraavassa taulukossa luetellaan peräkkäisten vuosien maaliskuun keskilämpötilat (x) ja kirsikkapuiden kukkimispäivät huhtikuussa (y). Tiedot ovat Japanista. LÄHDE: SHARP EL 512S/H, KÄYTTÖOHJE

x	y
6,2	13
7	9
6,8	11
8,7	5
7,9	7
6,5	12
6,1	15
8,2	7

Onko keskilämpötilalla ja kukkimispäivällä yhteys? Tutkitaan asiaa xy-koordinaatistoon piirretyn **hajontakuvion** avulla.

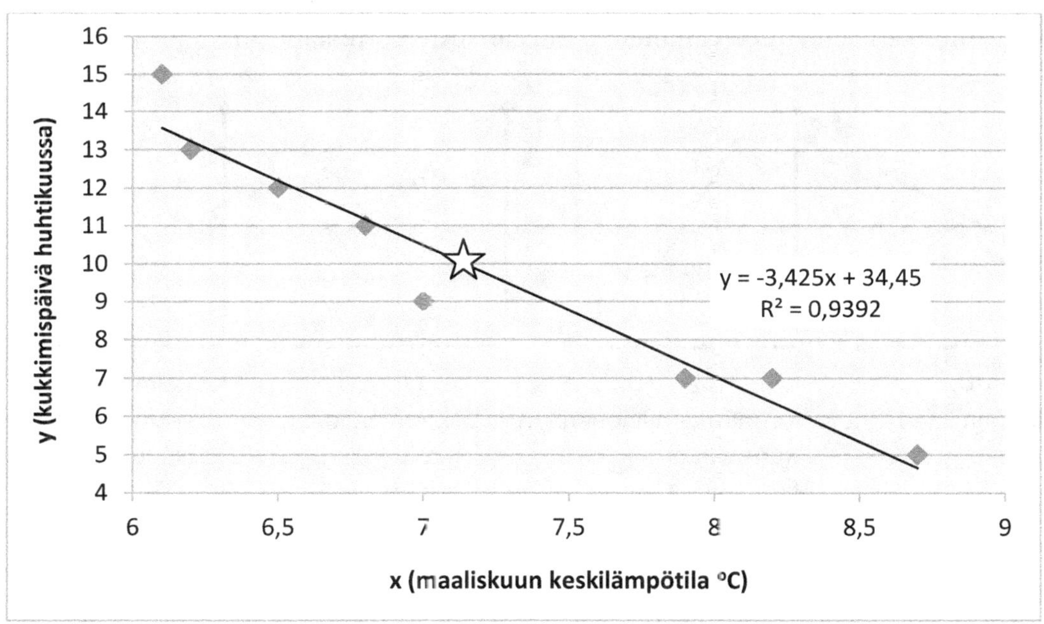

Nähdään, että pisteet asettuvat varsin tiiviisti erään suoran läheisyyteen: keskilämpötilan ja kukkimispäivän välillä on selvä lineaarinen riippuvuus eli **lineaarinen korrelaatio**. Suoraa kutsutaan on **regressiosuoraksi**. Tässä tapauksessa suora on laskeva, jolloin korrelaatio on negatiivinen. Excel antaa regressiosuoran yhtälöksi $y = -3{,}425x + 34{,}45$. Huomaa, että kuvan akselit eivät leikkaa toisiaan origossa.

Lineaarisen korrelaation voimakkuutta kuvaa **korrelaatiokerroin**, joka tässä tapauksessa on negatiivinen. Excel antaa korrelaatiokertoimen neliön 0,939 ja korrelaatiokerroin on tämän neliöjuuri miinus-merkkisenä, siis $-\sqrt{0.939} \approx -0{,}97$.

Tässä tapauksessa regressiosuoran avulla voidaan **ennustaa**. Esimerkiksi arvoa $x = 7{,}1$ °C vastaa regressiosuoralta katsottu $y \approx 10$. Jos siis jonain vuonna maaliskuun keskilämpötila on 7,1 °C, voidaan otaksua kirsikkapuiden kukinnan osuvan huhtikuun 10. päivään (kuvassa tähti).

Korrelaatiokerroin kuvaa ainoastaan *lineaarisen* riippuvuuden vomakkuutta. Hajontakuvion pisteet voivat asettua esimerkiksi J-kirjaimen muotoon, jolloin muuttujien välillä on voimakas riippuvuus, joka ei ole lineaarista. Tällöin korrelaatiokerroin ei toimi eikä sitä kannata edes laskea.

- Korrelaatiokertoimen pienin mahdollinen arvo on –1 ja suurin 1.
- Jos hajontakuvion pisteet painautuvat lähelle laskevaa suoraa, r on lähellä lukua –1 ja lineaarinen korrelaatio on voimakasta. Ääritapauksessa jokainen piste on laskevalla suoralla, jolloin $r = -1$.
- Jos hajontakuvion pisteet painautuvat lähelle nousevaa suoraa, r on lähellä lukua 1 ja lineaarinen korrelaatio on voimakasta. Ääritapauksessa jokainen piste on nousevalla suoralla, jolloin $r = 1$.
- Jos hajontakuviossa on vähän pisteitä, voivat ne asettua sattuman oikusta saman suoran läheisyyteen, jolloin aiheetta tulee vaikutelma lineaarisesta korrelaatiosta.

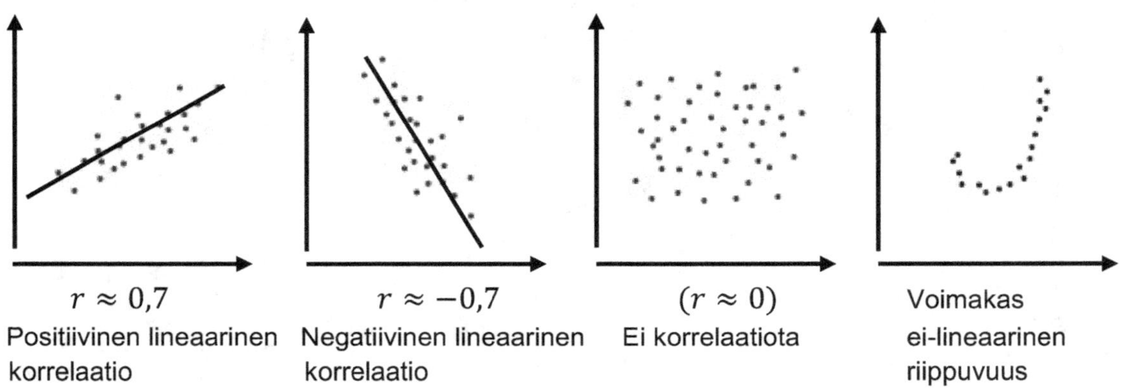

Tehtävänä on muodostaa **kahden annetun pisteen kautta kulkevan suoran yhtälö.** Muodosta pisteisiin liittyvä regressiosuora. Pisteitä on vain kaksi, joten regressiosuora kulkee pisteiden kautta!

Tehtävänä on tutkia, **ovatko kolme pistettä samalla suoralla**. Muodosta pisteiden hajontakuviota vastaava korrelaatiokerroin. Jos se on 1 tai –1, pisteet ovat samalla suoralla, muutoin eivät ole. Näin voit ainakin tarkistaa muulla tavalla saamasi tuloksen.

Harjoituksia

232^A. Veljekset A. Dart ja B. Dart heittävät tikkaa omatekoisiin tauluihin. Kumpikin heittää kuuden tikan sarjan.

A. Dart

B. Dart

Laske molempien tulosten keskiarvo ja keskihajonta.

233^A. Ulkolämpötila mitattiin vuorokauden aikana neljän tunnin välein. Tuloksista piirrettiin viivadiagrammi. Laske lämpötilojen keskiarvo. Ota huomioon kuvan kaikki seitsemän mittaustulosta.

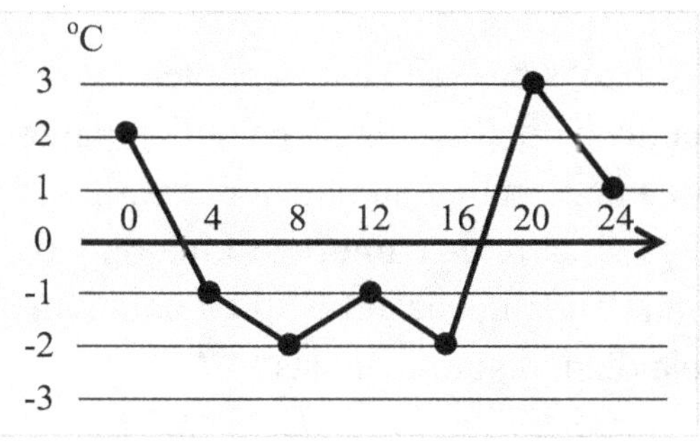

234^A. Geologi on maastossa naputtanut tietokoneen muistiin havaintoarvot

2, 3, 3, 3, 2, 1, 0, 3, 2, 100.

Viimeinen arvo on kuitenkin näppäilyvirhe: luvun 100 sijalla pitäisi olla 1. Määritä virheellisen ja virheettömän aineiston keskiarvo ja mediaani. Vertaile tuloksia.

235^A. Opiskelija on saanut matematiikasta kurssiarvosanat 8, 6, 8, 8 ja 9. Mikä olisi seuraavan arvosanan vähintään oltava, jotta keskiarvoksi tulisi vähintään 8?

236. Tutkittaessa 25 tavaraerää löydettiin niistä virheellisiä kappaleita seuraavat määrät.

0, 0, 1, 0, 3, 0, 2, 0, 0, 1,
2, 0, 5, 0, 1, 8, 0, 5, 0, 1,
1, 6, 1, 2, 6.

Esitä graafisesti eri arvojen suhteelliset frekvenssit ja määritä moodi, mediaani ja keskiarvo. LÄHDE: YLIOPPILASKOE KEVÄT 1981

237. Seuraavassa luetellaan suuruusjärjestyksessä 30 asiakkaan odotusaika (min) laboratoriossa.

2	5	8	8	9	10
10	11	12	12	12	14
14	15	15	15	16	16
17	18	19	20	21	21
22	24	26	26	29	34

Luokittele ajat seitsemäksi samanpituiseksi luokaksi 1-5, 6-10, 11-15 jne. Laadi odotusajan jakauma ja esitä se taulukkona, histogrammina ja viivadiagrammina. Määritä odotusajan moodiluokka ja mediaaniluokka.

238. Seuraava taulukko kertoo erään päiväkodin lasten hoitosuhteen lajin.

Hoitosuhteen laji	Lapsia
kokopäiväinen	16
osapäiväinen	50
muu	2
yhteensä	68

Havainnollista jakauma sektoridiagrammilla eli piirakkadiagrammilla.

239. Biologian opiskelijat jaettiin ryhmiin A ja B. Ryhmässä A oli 20 opiskelijaa ja heidän arvosanojensa keskiarvo oli 7,0. Ryhmässä B oli 30 opiskelijaa ja arvosanojen keskiarvo oli 8,0. Määritä koko opiskelijajoukon biologian arvosanojen keskiarvo.

240. Erään koulun opiskelijoiden ikäjakauma oli taulukon mukainen. Laske opiskelijoiden keski-ikä.

Ikä vuotta	Suhteellinen frekvenssi
16	14 %
17	28 %
18	27 %
19	26 %
20	5 %
yhteensä	100 %

241. Pyöräilijä ajaa puolet matkasta nopeudella 10 km/h ja puolet nopeudella 15 km/h. Määritä pyöräilijän keskinopeus koko matkalla.

Ohje: Et voi otaksua, että matka olisi jokin tietty, esimerkiksi 60 km. Ota lähtökohdaksi ”yleispätevä” matka 60*s* km. Laske erikseen ajat hitaammalla ja nopeammalla osuudella. Aikojen summa on koko matkaan kuluva aika. … Kirjain *s* supistuu pois, joten vastaus on matkasta riippumaton. Merkitse huolella kaikki välivaiheet näkyviin.

242. Taulukosta ilmenevät Suomen ulkomaiset saamiset ja velat vuosien 2006 - 2015 lopussa. Luvut tarkoittavat miljoonia euroja. Kuvaa *aikasarjoja* viivadiagrammeilla. Mitä suuruusluokkaa olivat saamiset ja velat vuoden 2015 lopussa? Anna vastaus biljoonina euroina. LÄHDE: TILASTOKESKUS

Vuosi	Saamiset	Velat
2006	370 362	394 945
2007	411 435	463 441
2008	455 431	464 340
2009	499 461	493 737
2010	610 875	579 916
2011	732 045	702 320
2012	726 329	702 922
2013	648 899	641 066
2014	713 784	719 184
2015	701 761	700 468

243 T. Paperin neliömetripaino (g) noudattaa normaalijakaumaa N(80, 3). Kuinka suuri osa paperista täyttää laatuvaatimuksen, jonka mukaan neliömetripainon tulee olla rajojen 75 g ja 85 g välillä?

244 T. Laitteen kestoikä noudattaa normaalijakaumaa N(5,0; 1,0). Parametrit on ilmoitettu vuosina. Kuinka pitkä takuuaika voidaan tuotteelle myöntää, jotta vähintään 99 % tuotteista kestää takuuajan?

245 T. Kanalan kanamunien paino noudattaa normaalijakaumaa, joka keskiarvo on 63 g ja keskihajonta 5 g. Kuinka suuri osa munista kuuluu painoluokkaan L (63 g … 73 g)?

246 T. Tehdas pakkaa kahvia puolen kilon paketteihin. Todellisuudessa pakettien paino noudattaa normaalijakaumaa, jonka keskiarvo on 503 g. Mikä tulee painon keskihajonnan olla, jotta ”alipainoisia” alle 500 g painavia paketteja olisi yksi tuhannesta?

247 T. Laitteessa on neljä paristoa, ja laitteen toiminta edellyttää kaikkien paristojen toimivan. Millä todennäköisyydellä laite toimii yli 13 h, kun jokaisen pariston toiminta-aika (h) noudattaa normaalijakaumaa N(12,2).

248 T*. Henkilö tutkii suomalaisten orihevosten säkäkorkeuksia. Hänellä on käytössään sadan orihevosen otos, jossa säkäkorkeuden keskiarvo on 157 cm ja keskihajonta 3,86 cm. Määritä 99 prosentin luottamusväli suomalaisten orihevosten keskimääräiselle säkäkorkeudelle. Oletetaan, että orihevosten säkäkorkeus noudattaa normaalijakaumaa. Otoksen koko edellyttää, että luottamusvälin kaavan luku 2,58 on korvattava luvulla 2,63.

Ohje: MAOL s. 53 perusjoukon odotusarvon luottamusväli.

249 T*. Tutkitaan mielipidekyselyn avulla puolueen kannatusta haastattelemalla 1000 äänioikeutettua. Haastatelluista 18,0 % ilmoittaa kannattavansa puoluetta. Määritä puolueen kannatuksen 99 prosentin luottamusväli.

Ohje: MAOL s. 53 suhteellisen osuuden luottamusväli. Laske aluksi

$$s = \sqrt{\frac{\hat{p}(1-\hat{p})}{n}},$$

missä $n = 1000$, $\hat{p} = 18{,}0\ \% = 0{,}18$.

Luottamusvälin kaava näkyy suoraan taulukkokirjasta

250 T*. Tutkitaan mielipidekyselyn avulla puolueiden A ja B kannatusta haastattelemalla 1000 äänioikeutettua. Haastatelluista 18,0 % ilmoittaa kannattavansa puoluetta A ja 16 % ilmoitti kannattavansa puoluetta B. Laske kummankin puolueen kannatuksen 95 prosentin luottamusvälit. Voidaanko 95 prosentin luottamustasolla sanoa, että koko kansan keskuudessa puolueen A kannatus on suurempi kuin puolueen B kannatus

Ohje: Katso edellisen harjoituksen ohjetta.

251 T*. Suomen edustaja Euroviisuihin 2017 valittiin kymmenen esiintyjän joukosta kansainvälisten raatien ja yleisöäänestyksen perusteella. Raatien äänten yhteismäärillä ja yleisön äänillä oli sama painoarvo. Seuraavasta taulukosta ilmenevät äänimäärät.

Esiintyjä	Kappale	Raadit (x)	Yleisöäänestys (y)
Emma	Circle of Light	53	53
Alva	Arrows	15	48
Günther & D'Sanz	Love Yourself	37	45
Anni Saikku	Reach Out for The Sun	43	16
Knucklebone Oscar & The Shangri-La Rubies	Caveman	5	13
Norma John	Blackbird	94	88
Lauri Yrjölä	Helppo elämä	43	15
Club La Persé	My Little World	21	29
Zühlke	Perfect Villain	74	71
My First Band	Paradise	45	52

Selvitä laskimen avulla muuttujien x ja y välinen korrelaatiokerroin r ja regressiosuoran yhtälö. Piirrä hajontakuvio ja regressiosuora xy-koordinaatistoon.

13. Lukujonot | Summat

Lukujono

• Lukujono voidaan ilmoittaa **luettelemalla** sen alusta lähtien peräkkäisiä termejä ja kuvailemalla jono sanallisesti.

1, 3, 5, 7, 9, … ”parittomat positiiviset luvut suuruusjärjestyksessä”

• Voidaan myös ilmoittaa **sääntö**, jonka mukaan jonon termit muodostuvat. Kun n:s termi merkitään a_n, saadaan jonolle kaava

$$a_n = 2n - 1, \quad n = 1, 2, 3, \ldots$$

Esimerkiksi $a_{10} = 2 \cdot 10 - 1 = 19$, joten kymmenes positiivinen pariton luku on 19.

• Jono voidaan ilmoittaa myös **rekursiivisesti**.

$a_1 = 1$ ← ENSIMMÄINEN TERMI

$a_{n+1} = a_n + 2, \quad n = 1, 2, 3, \ldots$ ← TERMI = EDELLINEN TERMI PLUS 2

Huomautus Jälkimmäinen yhtälö ilmoitetaan toisinaan muodossa

$$a_n = a_{n-1} + 2, \quad n = 2, 3, 4, \ldots$$

Esimerkki[A] Ilmoita kolmella jaollisten positiivisten lukujen jono **a)** lauseketta, **b)** rekursiolta käyttäen.

Ratkaisu a) Kysymyksessä on jono 3, 6, 9, 12, … . Termit ovat suuruusjärjestyksessä ja kolmella jaollisia, joten jono ilmeisesti

$$a_n = 3n, \quad n = 1, 2, 3, \ldots$$

b) Jonon ensimmäinen termi on 3. Jonon termi (paitsi ensimmäinen) saadaan lisäämällä edelliseen termiin luku 3. Siis

$$a_1 = 3$$

$$a_{n+1} = a_n + 3, \quad n = 1, 2, 3, \ldots$$

Esimerkki Kukaan ei ole vielä keksinyt lauseketta tai rekursiota alkulukujen eli jaottomien lukujen jonolle 2, 3, 5, 7, 11, 13, 17, 19, … .

Esimerkki Osoita, että luku 11111 kuuluu jonoon

$$a_n = 13n + 9, \quad n = 1, 2, 3, \ldots$$

Ratkaisu Lukujono muodostuu siten, että lausekkeeseen $a_n = 13n + 9$ sijoitetaan kirjaimen n paikalle vuoron perään luvut 1, 2, 3 jne. Tehtävässä kysytään, saadaanko tällä tavoin lausekkeen arvoksi luku 11111. Selvitetään asia yhtälön avulla.

$$13n + 9 = 11111$$

LUKU 11111 KUULUU JONOON, JOS TÄMÄ YHTÄLÖ TOTEUTUU JOLLAKIN POSITIIVISELLA KOKONAISLUVULLA n.

$$13n = 11111 - 9$$

$$13n = 11102$$

$$n = \frac{11102}{13} = 854$$

Yhtälön juureksi saatiin positiivinen kokonaisluku 854, joten $a_{854} = 11111$. ∎

Esimerkki Määritä jonon kymmenen ensimmäistä termiä, kun jono annetaan rekursiolla

$$a_1 = 1,$$

$$a_2 = 1,$$

$$a_{n+2} = a_{n+1} + a_n, \quad n = 1, 2, 3, \ldots$$

Tämä on kuuluisa *Fibonaccin jono* 1200-luvulta.

Ratkaisu Rekursiokaavan kahdelta ensimmäiseltä riviltä ilmenee, että jonon kaksi ensimmäistä termiä ovat 1 ja 1. Kolmannelta riviltä näkyy, että jokainen muu termi on kahden edeltävän termin summa. Jono on siten luettelona

1, 1, 2, 3, 5, 8, 13, 21, 34, 55, 89, …

Vastaus: Jonon kymmenen ensimmäistä termiä ovat 1, 1, 2, 3, 5, 8, 13, 21, 34, 55.

Huomautus Edellisen esimerkin rekursioyhtälö voidaan kirjoittaa myös seuraavasti:

$$a_n = a_{n-1} + a_{n-2}, \quad n = 3, 4, 5, \ldots .$$

Esimerkki Metsäpalstan puuston määräksi arvioitiin vuoden 2005 alussa 100 m^3 ja sen vuotuiseksi kasvuksi 9 %. Puuta hakataan vuosittain kasvukauden loputtua 8 m^3. Ensimmäisen kerran puuta hakataan vuoden 2005 lopussa. Määritä rekursiolla lukujono, joka kuvaa palstan puumäärää vuoden alussa. Minkä vuoden alussa metsässä on puuta yli 110 m^3?

Pohdintaa Puumäärä (m^3) kehittyy vuosi vuodelta seuraavasti:

vuosi 2005	alussa 100	lopussa $1{,}09 \cdot 100 - 8 = 101$
vuosi 2006	alussa 101	lopussa $1{,}09 \cdot 101 - 8 = 102{,}09$
vuosi 2007	alussa 102,09	lopussa $1{,}09 \cdot 102{,}09 - 8 = 103{,}2781$
- - -		

Ratkaisu Olkoon puumäärä P_n kuutiometriä vuoden 2005 + n alussa, $n = 0, 1, 2, 3, \ldots$

$P_0 = 100$ PUUMÄÄRÄ VUODEN 2005 + 0 = 2005 ALUSSA

$P_{n+1} = 1{,}09P_n - 8$ PUUMÄÄRÄ SEURAAVAN VUODEN ALUSSA = 9 %:LLA KASVANUT PUUMÄÄRÄ MIINUS HAKATTU PUUMÄÄRÄ 8 m^3

Laskimen [Ans] -toiminnon avulla saadaan helposti puumäärät peräkkäisinä vuosina alkaen vuoden 2005 alusta. Näppäillään rekursiokaavaa mukaillen

100 [EXE]
1.09 × [Ans] – 8 [EXE] [EXE] ...

[EXE] :n tilalla voi laskimessasi olla [ENTER] tai vastaava

Laskin antaa puumäärät (m^3):

vuoden 2005alussa	100
vuoden 2006 alussa	101
vuoden 2007 alussa	102,09
vuoden 2008 alussa	103,2781
vuoden 2009 alussa	104,573129
vuoden 2010 alussa	105,9847106
vuoden 2011 alussa	107,5233346
vuoden 2012 alussa	109,2004347
vuoden 2013 alussa	111,0284738 > 110 ensi kerran

Vastaus Rekursiokaava on esitetty edellä. Vuoden 2013 alussa puuta oli ensi kerran yli 110 m^3.

Aritmeettinen jono

MAOL s. 20

Lukujono **aritmeettinen**, jos jonon minkä tahansa kahden peräkkäisen termin erotus on vakio. *Erotusluku* muodostetaan vähentämällä seuraavasta termistä edellinen termi.

Tämän aritmeettisen jonon erotusluku on 8. Jonon **5.** termi on $10 + \mathbf{4} \cdot 8 = 42$.

Kun aritmeettisen jonon ensimmäinen termi on a ja erotusluku *d*, jonon *n*:s termi on

$$\boxed{a + (n-1)d}$$

Geometrinen jono

MAOL s. 20

Lukujono **geometrinen**, jos jonon minkä tahansa kahden peräkkäisen termin suhde on vakio. *Suhdeluku* muodostetaan jakamalla seuraava termi edellisellä termillä.

Tämän geometrisen jonon suhdeluku on 2. Jonon **5.** termi on $10 \cdot 2^4 = 160$.

Kun geometrisen jonon ensimmäinen termi on a ja suhdeluku *q*, jonon *n*:s termi on

$$\boxed{aq^{n-1}}$$

Esimerkki Jonon 100, 93, 86, … termit pienenevät 7:llä termi termiltä. Määritä jonon 16. termi.

Ratkaisu Jono on aritmeettinen. Sen ensimmäinen termi on 100 ja erotusluku –7. Jonon 16. termi on

$$100 + (16-1) \cdot (-7) = -5.$$

Vastaus Jonon kuudestoista termi on –5.

Tarkistus Jono on 100, 93, 86, 79, 72, 65, 58, 51, 44, 37, 30, 23, 16, 9, 2, **–5** ✓

Esimerkki Määritä geometrisen jonon 512, 256, … *n*:s termi.

Ratkaisu Ensimmäinen termi on 512 ja suhdeluku $\frac{256}{512} = ½$, joten kaavan mukaan *n*:s termi on

$$512 \cdot (½)^{n-1}.$$

Vastaus Jonon *n*:s termi on $512 \cdot (½)^{n-1}$.

Esimerkki Kuuluuko luku –1000 aritmeettiseen jonoon 7, 4, 1, … ?

Ratkaisu Muodostetaan aluksi jonon yleinen termi. Jonon 1. termi on 7 ja erotusluku –3, joten kaavan mukaan *n*:s termi on

$$7 \;+\; (n-1)(-3)$$

JÄTÄREILUT VÄLIT, JOTTA LAUSEKE HAHMOTTUU PAREMMIN

$$= 7 \;+\; (-3n+3)$$

$$= 10 - 3n$$

Jonon yleinen termi on $10 - 3n$. Tutkitaan voiko tämä olla –1000.

$$10 - 3n = -1000$$

$$10 + 1000 = 3n$$

$$1010 = 3n$$

$$n = \frac{1010}{3} = 336{,}666\ldots \quad \text{(ei ole positiivinen kokonaisluku)}$$

Vastaus Luku –1000 ei kuulu jonoon.

Esimerkki Kaupungin asukasmäärä on nyt 23 240 ja sen arvioidaan olevan viiden vuoden kuluttua 29 000. Määritä arvion mukaiset vuotuiset asukasmäärät, jos väkiluku kasvaa **a)** aritmeettisen, **b)** geometrisen jonon mukaan (eksponentiaalisesti). Ilmoita asukasmäärät satojen tarkkuudella.

Ratkaisu a) Asukasmäärän kasvu on 5 vuodessa 29000 – 23240 = 5760, joten kasvu vuotta kohti on 1152. Aritmeettisen jonossa vuotuinen kasvu pysyy samana, joten asukasmäärät on helppo laskea vuosi vuodelta.

Aika		asukasmäärä	pyöristettynä
0 vuoden kuluttua		23240	23200
1 vuoden kuluttua	23240 + 1152	24392	24400
2 vuoden kuluttua	24392 + 1152	25544	25500
3 vuoden kuluttua	25544 + 1152	26696	26700
4 vuoden kuluttua	26696 + 1152	27848	27800
5 vuoden kuluttua	27848 + 1152	29000	29000

b) Pohdintaa Arvataan, että vuotuinen kasvuprosentti olisi 12. Vastaava kasvukerroin olisi 1,12 ja väkiluku olisi peräkkäisinä vuosina

23240
$23240 \cdot 1{,}12$
$23240 \cdot 1{,}12^2$
$23240 \cdot 1{,}12^3$
$23240 \cdot 1{,}12^4$
$23240 \cdot 1{,}12^5$ = väkiluku 5 vuoden kuluttua

Arvaus tuskin osui oikeaan, joten ratkaistaan kasvukerroin yhtälö avulla.

Ratkaisu b) Olkoon vuotuista kasvua vastaava kasvukerroin q. Väkiluku n vuoden kuluttua on

$$23240 \cdot q^n$$

Väkiluvun 5 vuoden kuluttua tulee olla 29000, joten

$$23240 \cdot q^5 = 29000$$

$$q^5 = \frac{29000}{23240}$$

$$q = \sqrt[5]{\frac{29000}{23240}} = 1{,}0452\,...$$

OLE TARKKANA:
TULEEKO EKSPONETIKSI n VAI $n-1$?
KOKEILLE YLLÄ ESITETYLLÄ TAVALLA.

Aika	lauseke	asukasmäärä	pyöristettynä
0 vuoden kuluttua	$23240 \cdot q^0$	23240	23200
1 vuoden kuluttua	$23240 \cdot q^1$	24292	24300
2 vuoden kuluttua	$23240 \cdot q^2$	25392	25400
3 vuoden kuluttua	$23240 \cdot q^3$	26542	26500
4 vuoden kuluttua	$23240 \cdot q^4$	27744	27700
5 vuoden kuluttua	$23240 \cdot q^5$	29000	29000

Aritmeettinen summa

MAOL s. 20

Summa on $a_1 + a_2 + a_3 + \ldots + a_n$ **aritmeettinen**, jos sen termit muodostavat aritmeettisen jonon.

Summa = $n \cdot \frac{a_1+a_n}{2}$ ⟵ "TERMIEN LUKUMÄÄRÄ KERTAA ENSIMMÄISEN JA VIIMEISEN TERMIN KESKIARVO"

$$\mathbf{10} + 18 + 26 + 34 + \mathbf{42} = 5 \cdot \frac{\mathbf{10}+\mathbf{42}}{2} = 130$$

Geometrinen summa

MAOL s. 20

Summa on $a + aq + aq^2 + \ldots + aq^{n-1}$ **geometrinen**. Sen termit muodostavat geometrisen jonon. Ensimmäinen termi on a, suhdeluku q ja termien lukumäärä on n. Kun $q \neq 1$, on

summa = $a \cdot \frac{1-q^n}{1-q}$ MAOL:ssa a on osoittajan tekijänä

Kun suhdeluku q on suurempi kuin 1, kannattaa yleensä summakaavaa soveltaa muodossa

summa = $a \cdot \frac{q^n-1}{q-1}$ MAOL:ssa ei tätä kaavaa

$$10 + 20 + 40 + 80 + 160 = 10 \cdot \frac{2^5-1}{2-1} = 310$$

Esimerkki Pelastusarmeija järjesti aikoinaan "jokainen arpa voittaa" -arpajaisia. Niissä oli sata suljettua arpalippua, jotka oli numeroitu 1-100. Arvan hinta oli numeron osoittama markkamäärä ja sen sai tietoonsa vasta ostettuaan arvan. Kuinka paljon arvonta tuotti järjestäjälle?

Ratkaisu Arpojen tuotot (markkaa) muodostavat aritmeettisen summan

$$1 + 2 + 3 + \cdots + 100.$$

Sen ensimmäinen termi on 1, viimeinen 100 ja termin lukumäärä 100, joten summan arvo on

$$100 \cdot \frac{1+100}{2} = 5050$$

Vastaus Arvonta tuotti 5050 markkaa.

Esimerkki Henkilö on ottanut 84 000 euron lainan 3,0 prosentin korolla. Hän lyhentää lainaa kuukauden välein 600 euron erissä. Samassa yhteydessä hän maksaa siihen mennessä kertyneet korot. Kuinka paljon korkoa henkilö joutuu kaiken kaikkiaan maksamaan?

Ratkaisu

- Lainan korko kuukaudessa $\frac{3{,}0\ \%}{12} = 0{,}25\ \%$.
- Lyhennyseriä $\frac{84000}{600} = 140$ kappaletta.
- Yhden lyhennyserän korko on $0{,}0025 \cdot 600\ € = 1{,}50\ €$.
- Korko ensimmäisenä kuukautena on $0{,}0025 \cdot 84000\ € = 210\ €$.

TÄMÄN VERRAN KORKO PIENENEE KUUKAUSITTAIN.

Korko koko laina-ajalta on

$$210 + 208{,}50 + 207 + 205{,}50 + 204 + \cdots + 1{,}50 \quad (€)$$

Tämän aritmeettisen summan ensimmäinen termi on 210, viimeinen 1,50 ja termien lukumäärä 140. Summan arvo on

$$140 \cdot \frac{210+1{,}50}{2} = 14805 \quad (€)$$

Vastaus Henkilö maksaa korkoa 14 805 €.

Esimerkki Henkilö suunnittelee 84 000 € lainan ottamista. Hän sopii pankin kanssa maksavansa lainan takaisin *tasaerä-* eli *annuiteettiperiaatteella*. Kuukausittain maksettavat tasaerät kattavat koron ja kuoletuksen. Maksuajaksi sovitaan 140 kuukautta. Kuinka suuria ovat tasaerät, kun korkokanta on 3,0 %.

Ratkaisu Sovelletaan taulukkokirjan kaavaa, MAOL s. 22.

$$A = Kq^n \frac{1-q}{1-q^n}$$

- Lainapääoma on $K = 84000$ €.
- Lainan korko kuukaudessa on $\frac{3{,}0\ \%}{12} = 0{,}25\ \%$.
- Korkotekijä on $q = 100\ \% + 0{,}25\ \% = 1{,}0025$.
- Korkokausien lukumäärä on $n = 140$.
- Annuiteetti eli tasaerä on

$$A = 84000 \cdot 1{,}0025^{140} \cdot \frac{1-1{,}0025}{1-1{,}0025^{140}} = 711{,}8546221\ldots \approx 711{,}85 \quad (€)$$

Vastaus Annuiteetti eli tasaerä on 711,85 €.

Esimerkki Henkilö tallettaa neljän vuoden ajan vuoden alussa 1 000 € tilille, josta maksetaan 2,0 % korkoa. Korko lisätään pääomaan vuoden lopussa. **a)** Kuinka paljon tilille kertyy neljän vuoden aikana? **b)** Kuinka paljon tilille kertyisi, jos säästäminen sujuisi samaan tapaan 10 vuoden ajan? Veroja ei oteta huomioon.

Ratkaisu a) Oheisista kaaviosta ilmenee kuinka suuriksi 1 000 euron talletukset kasvavat. Jana

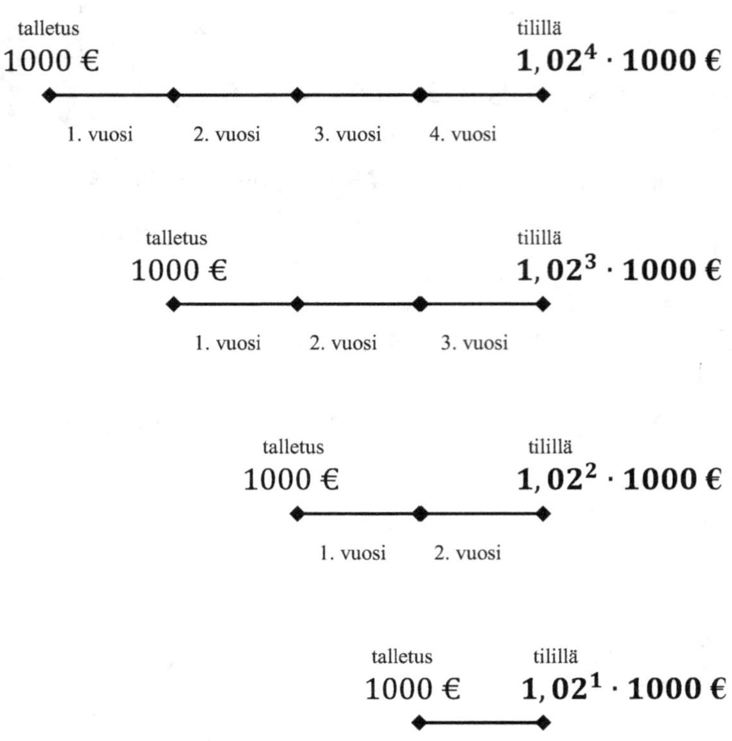

Tilille kertyneet rahamäärät muodostavat geometrisen summan. Luemme sitä alhaalta ylös, jolloin summan

ensimmäinen termi	$a = 1{,}02^1 \cdot 1000$,
suhdeluku	$q = 1{,}02$,
termien lukumäärä	$n = 4$.

Geometrisen summan kaavan mukaan tilille on kertynyt yhteensä

$$1{,}02^1 \cdot 1000 \cdot \frac{1-1{,}02^4}{1-1{,}02} = 4204{,}04016\ldots \approx 4204{,}04\ (€)$$

b) Yhdenmukaisella tavalla saadaan 10 vuoden säästöksi

$$1{,}02^1 \cdot 1000 \cdot \frac{1-1{,}02^{10}}{1-1{,}02} = 11168{,}71542 \approx 11168{,}72\ (€)$$

Vastaus a) 4 204,04, **b)** 11 168,72 €

Esimerkki Viisi ensimmäistä *kolmiolukua* ovat 1, 3, 6, 10 ja15. Niiden muodostumisperiaate ilmenee kaaviosta. Määritä neljäskymmenes kolmioluku.

1 3 6 10 15

Ratkaisu Ilmeisesti 40. kolmioluku sisältää

$$1 + 2 + 3 + \cdots + 40 = 40 \cdot \frac{1+40}{2} = 820 \text{ pallukkaa.}$$

Vastaus Neljäskymmenes kolmioluku on 820.

Esimerkki Henkilö panee liikkeelle ketjukirjeen, joka sisältää toiveen: ”Lähetä viesti eteenpäin kahdelle muulle ihmiselle.” Kuinka monessa viikossa viesti tavoittaa 5 500 000 ihmistä, jos jokainen noudattaa toivetta ja jos kukaan ei saa useampia kirjeitä kuin yhden? Oletetaan, että "fundeeraaminen”, kirjeen lähettäminen ja postin kulku vie viikon. (Ketjukirje on laiton, jos kirje sisältää rahaa tai muuta taloudellista etua.)

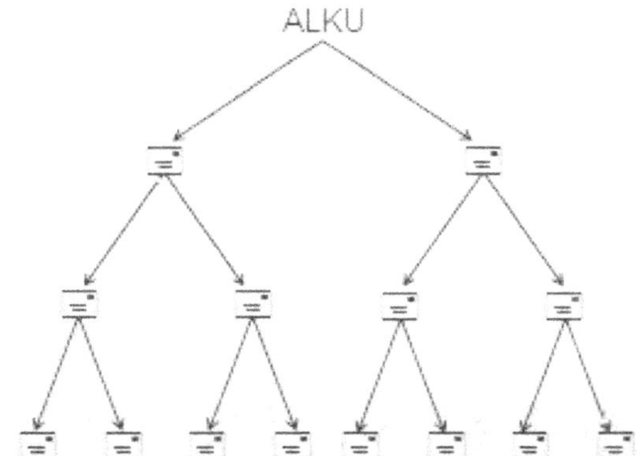

Ratkaisu Ketjukirje tavoittaa *uusia* ihmisiä

1. viikon lopussa 2
2. viikon lopussa $2 \cdot 2 = 2^2$
3. viikon lopussa $2 \cdot 2^2 = 2^3$
4. viikon lopussa $2 \cdot 2^3 = 2^4$

...

n. viikon lopussa 2^n

Ketjukirje tavoittaa n viikon aikana yhteensä

$$S = 2 + 2^2 + 2^3 + \cdots + 2^n = 2 \cdot \frac{2^n - 1}{2-1} = 2(2^n - 1)$$

ihmistä. Kun n kasvaa, myös summa kasvaa. Tutkitaan kokeilemalla S:n kasvua.

n	S	vertailu
20	2097150	alle 5500000
21	4194302	alle 5500000
22	8388606	yli 5500000

Vastaus Ketjukirje tavoittaa (yli) 5 500 000 ihmistä 22 viikon aikana.

Esimerkki Todista, että n:n ensimmäisen positiivisen parittoman luvun summa on n^2.

Ratkaisu Positiivisten parittomien lukujen jono 1, 3, 5, … on aritmeettinen. Termit ovat tyyppiä ”parillinen miinus 1”, joten jonon n:s termi on $2n-1$.

Termeistä muodostuu aritmeettinen summa

$$S = 1 + 3 + 5 + \cdots + (2n-1)$$

Kaavan mukaan

$$S = n \cdot \frac{1+(2n-1)}{2} = n \cdot \frac{2n}{2} = n^2 \quad ■$$

Esimerkki Todista, että kaikilla positiivisilla kokonaisluvuilla n pätee

$$(\tfrac{1}{2})^1 + (\tfrac{1}{2})^2 + (\tfrac{1}{2})^3 + \ldots + (\tfrac{1}{2})^n < 1.$$

Ratkaisu Epäyhtälön vasen puoli on geometrinen summa, jonka ensimmäinen termi on ½, suhdeluku ½ ja termien lukumäärä n. Kaikilla positiivisilla kokonaisluvuilla n pätee:

$$(\tfrac{1}{2})^1 + (\tfrac{1}{2})^2 + (\tfrac{1}{2})^3 + \ldots + (\tfrac{1}{2})^n = (\tfrac{1}{2}) \cdot \frac{1-(\tfrac{1}{2})^n}{1-\tfrac{1}{2}}$$

$$= \cancel{(\tfrac{1}{2})} \cdot \frac{1-(\tfrac{1}{2})^n}{\cancel{\tfrac{1}{2}}}$$

$$= 1 - (\tfrac{1}{2})^n < 1 \quad ■$$

Harjoituksia

252^A. Kuuluuko luku 100 aritmeettiseen jonoon 4, 7, 10, … ?

253^A. Määritä geometrisen jonon 16, 8, 4, … viides termi.

254^A. Lontoon kisoista 1948 lähtien kesäolympialaiset on järjestetty neljän vuoden välein. Kirjoita vuosilukujen jono luettelona ja anna yleisen termin lauseke sievennettynä. Aloita Lontoon kisojen vuodesta.

255^A. Kirjoita lukujonon

$$a_n = 2n^2 + 4n,\ n = 1, 2, 3, \ldots,$$

kolme enimmäistä termiä. Kuuluuko luku 12321 tähän jonoon?

Ohje: Sijoita lausekkeeseen vuoron perään n:n paikalle 1, 2 ja 3. Näin saat jonon kolme ensimmäistä termiä. Luvun 12321 kuuluminen jonoon ”näkyy suoraan”.

256^A^. Lukujono a_n määritellään rekursiokaavalla:

$a_1 = 1$

$a_{n+1} = 2a_n + 1, \; n = 1, 2, 3, \ldots$

Ilmoita lukujonon viisi ensimmäistä termiä.

257^A^. Lukujonon $a, x, b, \ldots$ kaikki termit ovat positiivisia. Määritä x, kun jono on
a) aritmeettinen, **b)** geometrinen.

258^A^. Pellolla on pitkin tienvartta 20 kuhilasta 10 m päässä toisistaan. Nämä on koottava pellon päähän siihen, missä ensimmäinen kuhilas on. Pitkäkö matka on kuljettava, ennen kuin kaikki kuhilaat saadaan kokoon, jos yksi kuhilas kerrallaan viedään? LÄHDE: YLIOPPILASKOE V. 1874.

Ohje: Kuhilas tarkoittaa viljalyhteiden kekoa.

259^A^. Määritä lukujonon

$a_n = \frac{(-1)^n - 1}{2} \cdot n, \; n = 1, 2, 3, \ldots$

kuusi ensimmäistä termiä. Sievennä summa

$a_1 + a_2 + a_3 + \cdots + a_{20}$.

260. Kuinka monta seitsemällä jaollista lukua kuuluu välille [1, 1000]? Mikä on niiden summa?

Ohje: Väliin kuuluvat seitsemällä jaolliset luvut ovat

$7 \cdot 1, \quad 7 \cdot 2, \quad 7 \cdot 3, \quad 7 \cdot 4, \quad \ldots \quad 7 \cdot 142.$

Nämä 142 lukua muodostavat aritmeettisen jonon, joten niiden summa saadaan aritmeettisen jonon summakaavan mukaan. Entä mistä edellä saatiin luku 142? Se nähdään jakolaskun 1000 / 7 kokonaisosasta.

261. Kaupungin asukasmäärä on 53 000. Määrä kasvavaa vuosittain ennusteen A mukaan 730 asukkaalla ja ennusteen B mukaan 1,3 prosentilla. Määritä asukasmäärä kymmenen vuoden kuluttua kummankin ennusteen mukaan.

262. Superpallo pomppii lattialla siten, että pallo nousee jokaisella pompulla pystysuorasti 75 % edellisen pompun huippukorkeudesta. Ensimmäinen pomppu kohoaa 256 senttimetrin korkeuteen. Kuinka pitkän matkan pallo on kulkenut 30 pompun jälkeen? Entä 60 pompun jälkeen? Ilmoita vastaukset senttimetrin tarkkuudella.

263. Henkilö alkoi säästää tammikuussa: ensimmäisenä päivänä 1 sentin, toisena 2 senttiä, kolmantena 4 senttiä, neljäntenä 8 senttiä jne. Paljonko hänelle täten olisi säästynyt (ainakin teoriassa) kuun loppuun mennessä?

264. Henkilö tallettaa kuuden vuoden ajan vuoden alussa 600 € tilille, josta maksetaan 1,2 % korkoa. Korko lisätään pääomaan vuoden lopussa. Kuinka paljon tilille kertyy rahaa? Veroja ei oteta huomioon.

265. Auton lasinpyyhkijän säiliön tilavuus on 32 dl, ja säiliö on aluksi täynnä vettä. Autoilijalla on tapana täyttää säiliö heti kun se on puolillaan. Talven tullen hän lisää aina kerralla 8 dl vettä ja 8 dl pakkasnestettä.

a) Ilmoita lukujonona (luettelona) säiliössä täytön jälkeen olevan pakkasnesteen määrä lähtien ensimmäisestä talvitäytöstä.

b) Ilmoita lukujono V_n rekursiokaavana, kun V_n tarkoittaa säiliössä olevan pakkasnesteen määrää desilitroina n:nen täytön jälkeen.

266. Eläinpopulaatiossa on tarkastelun alussa N yksilöä. Populaation suuruus a_k muuttuu vuosittain rekursiokaavan

$$a_0 = N$$

$$a_{n+1} = 4a_n\left(1 - \frac{a_n}{1000}\right),\ n = 0, 1, 2, 3, \ldots,$$

mukaan. Laske alkuarvoja $N = 52$ ja 53 vastaavat populaatiot 8 vuoden ajalta. Laske useiden desimaalien tarkkuudella, mutta ilmoita tulokset ykkösen tarkkuudella. Vertaile tuloksia. Onko yhden yksilön ero alkuarvossa merkittävä?

267. Positiivisen luvun a neliöjuuri voidaan laskea seuraavan rekursiokaavan mukaan:

$$a_0 = N,$$

$$a_{n+1} = \frac{1}{2}\left(a_n + \frac{a}{a_n}\right),\ n = 0, 1, 2, 3, \ldots .$$

Kaavassa N on vapaasti valittava positiivinen alkuarvo.

Laske rekursiokaavan avulla luvun $\sqrt{2}$ likiarvo viiden desimaalin tarkkuudella. Valitse itse mieleisesi positiivinen alkuarvo N.

Ohje: Olkoon alkuarvo $N = 1$. Näppäile

1 [EXE]

$\frac{1}{2}\left(\text{[Ans]} + \frac{2}{\text{[Ans]}}\right)$ [EXE] [EXE] [EXE] ...

Näytölle vakiintuva luku on $\sqrt{2}$:n likiarvo. Näppäimen [EXE] tilalla voi olla [Enter] tai vastaava.

268. Helsingin Nikolainkirkon portaat ovat lampuilla valaistavat; ylimmälle portaalle asetetaan yksi lamppu, toiselle kaksi, kolmannelle kolme j.n.e., niin että kullekin portaalle pannaan yksi lamppu enemmän kuin lähinnä olevalle ylimmälle portaalle. Tähän tarvitaan 1081 lamppua. Montako porrasta on? LÄHDE: YLIOPPILASKOE V. 1880.

Nikolainkirkko, nykyisin Helsingin tuomiokirkko.

269[A]. Olkoon $f(x) = 3x + 5$. Osoita, että jono $f(1), f(2), f(3), \ldots$ on aritmeettinen.

270[A]. Laske:

a) $\displaystyle\sum_{i=1}^{100}(2i - 1)$

b) $\displaystyle\sum_{i=1}^{99}\left(\frac{1}{i} - \frac{1}{i+1}\right)$

c) $\displaystyle\sum_{i=1}^{99}(\sqrt{i+1} - \sqrt{i})$

Ohje: **Rohkeasti** pura summat auki. Ensimmäinen on aritmeettinen summa. Kaksi muuta sievenevät helposti *teleskooppiperiaatteella.*

271. Henkilö suunnittelee 25 000 euron lainan ottamista. Hän sopii pankin kanssa maksavansa lainan takaisin *tasaerä-* eli *annuiteettiperiaatteella*. Kuukausittain maksettavat tasaerät kattavat koron ja kuoletuksen (eli lainan takaisinmaksun). Maksuajaksi sovitaan 6 vuotta eli 72 kuukautta. Kuinka suuria ovat tasaerät, kun korkokanta on 9,0 %. Kuinka paljon korkoa henkilö maksaa lainasta koko laina-aikana?

Ohje: Käytä **rohkeasti** annuiteettilainan kaavaa MAOL s. 22.

- korkokausi on kuukausi
- lainapääoma on $K = 25000$
- korkokausien määrä n on laina ajan kuukausien lukumäärä, siis $n = 72$
- yhden korkokauden korko on vuosikorko jaettuna luvulla 12 eli 0,75 %
- tästä saat korkotekijän $q = 1{,}0075$
- sijoita nämä luvut kaavaan ja laske tasaerä A

$$A = Kq^n \frac{1-q}{1-q^n}$$

272. Henkilö suunnittelee asuntolainaa. Hän laskee voivansa maksaa 10 vuoden aikana kuukausittain 390 euron tasaerän eli annuiteetin, joka kattaa koron ja kuoletuksen. Kuinka suuren lainan henkilö voi ottaa, kun korkokanta on 2,4 %?

Ohje: Käytä **rohkeasti** annuiteettilainan kaavaa MAOL s. 22.

- korkokausi on kuukausi
- korkokausien määrä n on laina ajan kuukausien lukumäärä, siis $n = 120$
- yhden korkokauden korko on tehtävässä annettu vuosikorko jaettuna luvulla 12
- tästä saat korkotekijän $q = 1{,}002$
- tasaerä eli annuiteetti $A = 390$ €
- ratkaise K kaavasta

$$A = K \boxed{q^n \frac{1-q}{1-q^n}}$$

← LASKE ENSIN KEHYSTETTY KAAVAN OSA.

SAAT YKSINKERTAISEN YHTÄLÖN $A = K \cdot \boxed{luku}$.

273. Henkilö ottaa asuntolainaa 140 000 €. Hän aikoo maksaa lainan annuiteettiperiaatteella 25 vuodessa kuukausittain tasaerissä. **a)** Laske tasaerän suuruus, kun korko on 2,4 %. **b)** Kymmenen vuoden kuluttua olosuhteet muuttuvat ja henkilö maksaa pankille koko lainan loppuerän. Kuinka suuri on tämä loppuerä?

Ohje:

a) Sovella annuiteetin kaavaa MAOL s. 22.

- pääoma $K = 140\,000$ €
- korkokausien määrä on $n = 25 \cdot 12$
- korkotekijä on $q = 1{,}002$
- A on kysytty tasaerä eli annuiteetti

b) Sovella jäljellä olevan lainamäärän kaavaa MAOL s. 22.

- pääoma $K = 140\,000$ €,
- korkokausien määrä $k = 10 \cdot 12 = 120$
- A on edellisessä kohdassa saatu tasaerä

274. Origosta alkavaa murtoviivaa jatketaan kuvasta ilmenevällä periaatteella pisteeseen (9, –9). Määritä murtoviivan pituus. Kuvassa murtoviiva jatkuu pisteeseen (6, –6).

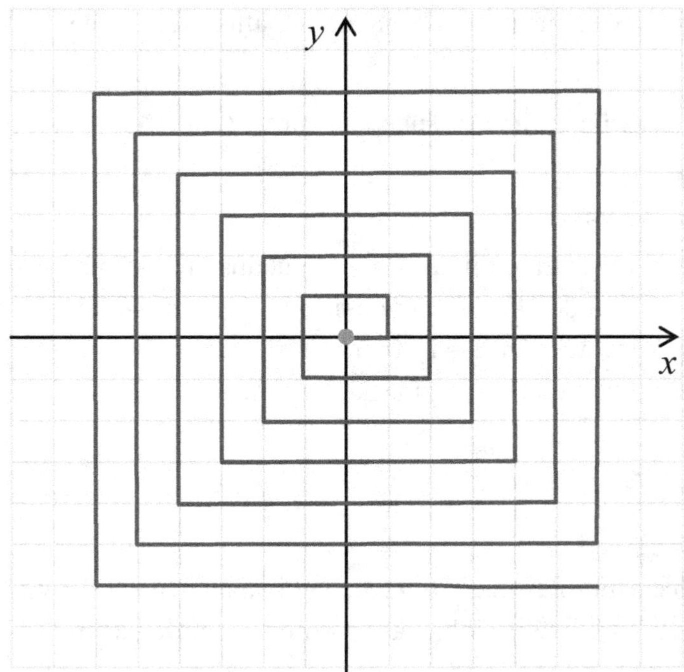

Ohje: Väritä oheisen kuvan mukaan yksikön mittaiset palat ja käännä ne alaspäin, jolloin muodostuu origokeskisiä neliöitä. Niiden oikeat alanurkat ovat pisteissä (1, –1), (2, –2), (3, –3) jne. Yhdeksännen neliön oikea alanurkka on pisteessä (9, –9).

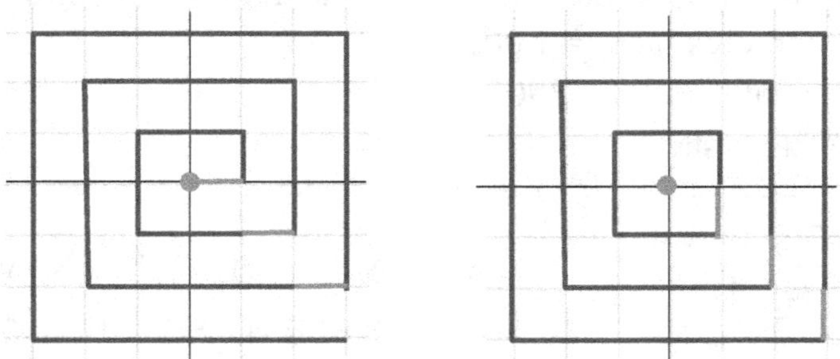

275. Talon päätykolmio pinnoitetaan vaakasuoralla laudoituksella. Ylin lauta on 1 dm pitkä, seuraava 3 dm, seuraava 5 dm jne. Lautojen pituus kasvaa alaspäin tultaessa aina 2 desimetrillä. Alimmaiseksi tuleva lauta on 39 dm pitkä. Kaikki laudat ovat yhtenäisiä. Kuinka paljon lautaa tarvitaan? Laudat sahataan 50 desimetrin mittaisista laudoista. Miten laudat tulee sahata, jotta hukkapaloja jäisi mahdollisimman vähän?

jne.

Vastaukset

1. Aika | Matka | Nopeus

1^A. 35 päivää

2^A. 4 h

3^A. 70 m

4^A. 20 min

5. 1,0 muovikassia

6. 8 kierrosta

7. 320 km/h

8. 75 km

9. 39 min

10. 85°

11. 83 %

12. 12 km/h

13. 10 min

14. 50 m

15. 12 km

16 D. 10 m/s

17 D. 4,8 m, –5,0 m/s

18. Mallin mukainen vuoden 2009 ennätys on 9,79. Bolt alitti siis reilusti mallin mukaisen ajan.

Ennätys lyötäisiin vuonna 2150.

2. Prosentit | Eksponentiaalinen muutos

19^A. 60 €, 140 €

20^A. 20 %

21^A. nousi 25 %, laski 20 %

22^A. 150 g ja 50 g

23^A. ryhmässä A

24. 6,6 %

25. 43,3 %, 30,9 %, 25,8 %

26. a) $\frac{1}{6}$ litraa, b) 50 %

27. 259,20 €

28. 2485,13 €

29. kasvavat 8 %

30. 2500 asukasta

31. 59 590 €

32. 4,8 %

33. 2085,33 €

34. vuonna 2008

35. 34 vuodessa

36. 93 lx, 16 dm

37. 5 cm

38. 11,8 kg

39. 690 vuotta

3. Perusalgebraa

40^A.
a) 4 **b)** 8
c) –12 **d)** –3

41^A. 3

42^A. 212 °F

43^A. 6

44^A. $2x + 2$ on suurempi

45^A. 7 ja 8

46^A. $\sqrt{3}$

47^A. 5 mpk

48^A. Lukujen tulo on 1.

49. hiiri 600 lyöntiä/min, hevonen 50 lyöntiä/min

50^A. $k^2 + k = k(k+1)$, joten $k^2 + k$ on kahden peräkkäisen kokonaisluvun tulo. Niistä toinen on parillinen, joten lukujen tulo on parillinen.

51^A. **a)** a, **b)** 0

52^A. 10^{14}

53. 9 PJ

54. säde alle 3 km

55. 2 500 000 vuotta

56. 180 000 000 m^3

57. 1

58.

8	3	4
1	5	9
6	7	2

4. Yhtälöitä

59^A. 4,50 € ja 8,50 €

60^A. 6 kolmiota, 8 neliötä

61^A D. $x = 2$

62^A. 4,5

63^A. ei

64. 414 €

65. 193

66.: 129,22 €

67. 12 °C

68. 4,8 km

69. 4800 €

70. 180 g

71. 16 000 €, 12 000 €

72. 120 lootuskukkaa

73^A. Neliön sivu on 5 ruudun sivua

74^A. ”Ympäröi” neliöt suorakulmioilla ja laske pinta-alat. 8 + 2 = 10

75^A. $x^2 - 2x = 0$

76. 78, 79

77. ei osu

78 D. $y = x - 1$

79. 67 km/h

80. 22 lx

81^A D. $x = \pm\sqrt[4]{6}$

82^A. $\frac{x}{y} = \frac{7}{3}$

83^A. Muunnetaan verranto- ja yhtäpitävin välivaihein. Ensimmäisestä saadaan ristiinkertomalla

$$d(a+c) = c(b+d)$$

Avataan sulut ja vähennetään puolittain termi *cd*:

$$ad + cd = bc + cd$$
$$ad = bc$$

Toisesta verrannosta päädytään ristiinkertomalla samaan yhtälöön $ad = bc$.

Molemmat verrannot ovat yhtäpitäviä saman yhtälön kanssa, joten verrannot ovat myös keskenään yhtäpitäviä.

84^A.
a) $x = 3$
b) $x = \frac{3}{2}$
c) $x = 0$
d) $x = 3$

85^A.
a) $x = 1000000$
b) $x = 3$
c) $x = 3$

86. 22 338 618 numeroa

5. Polynomit

87^A^.

Suora l_1: $y = 2x$

Suora l_2: $y = \frac{1}{2}x + 2$

Suora l_3: $y = -2$

88^A^. $y = 3x + 1$

89^A^. Pisteet asettuvat likimain samalle suoralle, joten voitto oli likimain lineaarinen ajan funktio.

90^A^. 8

91^A^. $f(9) = 134$ tarkoittaa 9-vuotiaiden tyttöjen keskimääräistä pituutta senttimetreissä. Pituus kasvaa keskimäärin 6 cm vuodessa.

92^A^ D. 4

93 D. 6,0 m

94 D. a) 24. heinäkuuta, 16 °C

b) laskussa

95 D. Paraabeli aukeaa ylöspäin, sillä x^2:n kerroin on positiivinen. Huipun koordinaatit ovat (1, 1), joten paraabeli on x-akselin yläpuolella. Siten kaikilla x:n arvoilla

$3x^2 - 6x + 4 > 0.$

96^A^. $n \geq 100$

97^A^. $0 < x < 1$

98. $F = 1{,}8C + 32$

99 D. $y = -100x + 4200$; kassaan tulee $-100x^2 + 4200x$ euroa; eniten, kun $x = 21$

100 D. 3,0 h lääkkeen ottamisesta

101 D.

a) alussa 10, lopussa 66

b) vireys nousi klo 8 – 11
laski klo 11 – 15
nousi klo 15 – 16

c) vireys oli matalimmillaan kello 8 ja korkeimmillaan klo 11

6. Koordinaatiston geometriaa

102^A^. on

103^A^ D. $y = 2x - 1$

104^A^ D. (2, 1)

105^A^. Suorien kulmakertoimet ovat $-\frac{1}{2}$ ja 2. Niiden tulo on –1. Suorat ovat siten kohtisuorassa toisiaan vastaan.

106^A^. 30

107^A^. Luvut $2x$ ja $6y$ ovat parillisia, joten niiden summa $2x + 6y$ on parillinen. Se ei siis voi olla yhtä suuri kuin pariton luku 2017.

108^A^ D. laskeutui pehmeästi

109^A^. −71,6°

110. ovat eri puolilla

111^A^. Yhtälö sievenee muotoon $y = 3x + 2$, joten kyseessä on pisteiden (0, 2) ja (1, 5) kautta kulkeva suora.

112^A^. MAOL s. 39 alhaalla vasemmalla
Leikkauspisteet ovat (3, 4) ja (4, 3).

113 D. (5, 0)

114 D. a) 42°, **b)** 3,5 m, **c)** 10,4 m

115 D. 3,0 dm × 6,0 dm

116 D. Kumpikin yhtälö toteutuu, kun niihin sijoitetaan $x = 0$, $y = 0$, joten paraabelit kulkevat origon kautta.

Ensimmäisen derivaatta on $2x + 2$ ja se saa arvon 2, kun $x = 0$. Ensimmäisen paraabelin origoon piirretyn tangentin kulmakerroin on 2.

Toisen derivaatta on $2x - ½$ ja se saa arvon $-½$, kun $x = 0$. Toisen paraabelin origoon piirretyn tangentin kulmakerroin on $-½$.

Kulmakerrointen tulo on $2 \cdot (-½) = -1$, joten origoon piirretyt tangentit ja samalla paraabelit ovat kohtisuorassa toisiaan vastaan.

117 D. $-1 \leq x \leq 1$

118 D. $(2, 1)$, $37°$

7. Lineaarisia työkaluja

119^A^. $x = 1, y = 2$

120^A^. 3½, 1½

121. $(-36, -11)$

122. Neljän hengen pöytiä 23 kpl, seitsemän hengen pöytiä 7 kpl.

123.
5 dl pulloja 50 kpl
7,5 dl pulloja 100 kpl

124. 12, 13 ja 5

125 L. 6 ja 22

126 L. suurin arvo 99 €
A-pipoja 9
B-pipoja 6

127 L. 16 pientä, 10 suurta

8. Geometriaa tasossa

128^A^.
a) Yhtä suuret, $\alpha = \beta$

b) Summa on 180°
$\gamma + \delta = 180°$

c) Suorat l_1 ja l_2 ovat yhdensuuntaiset täsmälleen silloin, kun samankohtaiset kulmat β ja γ ovat yhtä suuret.

129^A^. summa on 180°

130^A^.
a) 108° ja 120°
b) kaikki kulmat 60°

131^A^. 35°, 55° ja 35°, 55°

132^A^. 140°

133^A^. 9 m^2

134^A^. **a)** 43 m, **b)** 2800 m^2

135^A^. 9 : 4

136^A^. Tarkastellaan kolmiota Δ, joka ei ole tasasivuinen, mutta jonka jokainen kulma on enintään 60°. Kolmiossa Δ ainakin yksi kulma on alle 60°. Koska kaksi muuta ovat enintään 60°, on kolmion kulmien summa alle 180°. Kolmio Δ on siis mahdoton.

Olemme osoittaneet, että jokaisessa kolmiossa, joka ei ole tasasivuinen, on ainakin yksi kulma suurempi kuin 60°.

137.”yläkautta” noin 7,0 yksikköä

138. 5800 m

139. 96 cm

140. $\frac{11}{36} \approx 30\ \%$

141. 4,5 km

142. 8 hirveä/km^2

143. 2400 m^2

144. $1{,}5 \cdot 10^{21}$ m

145. $4{,}0^{\circ}$

146. 10 m – 15 m

147. 4,56 m^2

148. 3,2 m

149. kehätietä pitkin pääsee nopeammin

150. 126 km

151. **a)** 80 km, **b)** 70 km

152. **a)** 5 cm, **b)** 4,1 cm^2

153. sivu = 30, lävistäjä = 42,42638889…, $\sqrt{2}$ = 1,414212963..; 0,000042 %

9. Geometriaa kolmessa ulottuvuudessa

154^A. 10 m

155^A. 24 cm^2

156^A. 1 m^3

157^A. 100 000 litraa

158. 63 litraa

159. 24 000 kg

160. 890 dm^3

161. 4,4 m^3

162. korkeus on 18,9 cm, peltiä kulunut 541 cm^2

163. 95 kg

164. 16π, 36π

165. 79°

166. 2,8 mm

167. $15\pi \approx 47$

168. 11 litraa

169. 0,24 ha

170. ei aivan mahdu

171. ei mahdu

172. putki

173. 8 puhvelinnahkaa

174^A. 8 : 27

175. 1 : 4

176. hedelmää on hieman enemmän

10. Todennäköisyys

177^A. $\frac{3}{20} = 15\ \%$

178^A. $\frac{3}{5} = 60\ \%$

179^A. $\frac{1}{5} = 20\ \%$

180^A. $\frac{7}{10} = 70\ \%$

181^A. $\frac{2}{9}$

182^A. 60 %

183^A. $\frac{3}{25} = 12\ \%$

184^A. $\frac{7}{24}$

185. 70 %

186^A. $\frac{1}{8}$

187^A. $\frac{7}{15}$

188^A. $\frac{3}{32}$

189^A. $\frac{1}{5} = 20\ \%$

190. 76 %

191^A. $\frac{1}{8}$

192^A. $\frac{1}{2} = 50$ %

193. $\frac{5}{9} \approx 56$ %

194. 18 %, ei ole, sillä lasten veriryhmät eivät ole riippumattomia

195. 30 %

196.
a) 72 %
b) 26 %

197. 88 %

198. $\frac{969}{2530} \approx 38$ %

199. 76 %

200. 15 %

201. 47 %

202. 51,8 %

203. 9,6 %

204. $\frac{1}{6}$

205. Todennäköisyydet ovat vastaavasti
$^1/_{36}$,
$^2/_{36}$,
. . . . .
$^1/_{36}$.

206. 91 %

207 T. 31 %

208 T. 31 %

209 T. 66 %

210 T. 97 %

211 T. 98 %

212 T. 66 %

213 T.
a) 6 %
b) 34 %
c) 29 %

214^A T. $x_1 = 2, x_2 = 7$

11. Tuloperiaate | Jonot | Osajoukot

215^A. Neljän numeron jonoja on $10^4 = 10000$ kpl. Kun 10000 asiakkaalle on jaettu eri tunnusluku, on 10001. asiakkaalle annettava jokin jo aikaisemmin jaettu tunnusluku. Siis 12 000 pankkikorttia käyttävästä asiakkaasta useillakin on sama tunnusluku.

216^A. 70

217^A. 64, jolloin myös "täysipimeys" lasketaan mukaan

218. 63 kokoonpanossa

219^A. 20

220. $\frac{1}{40320}$

221. 1200 lausetta

222. 35

223. **a)** 840, **b)** 2401

224. **a)** 8 031 810 176, **b)** noin 2,23 h

225. 2970

226. $\frac{2}{5} = 40$ %

227. $\frac{1}{4} = 25$ %

228. $\frac{5}{324} \approx 1{,}5$ %

229. 36 %

230. 27 %

231. 5,4 %

12. Tilastot

232^A^. A. Dart: 2 ja 1
B. Dart: 3 ja 1

233^A^. 0 °C

234^A^. Virheellinen aineisto $\overline{x} = 11{,}9$, Md = 2,5. Virheetön aineisto $\overline{x} = 2$, Md = 2.

Keskiarvo moninkertaistui virheen vuoksi, mediaani muuttui vain vähän.

235^A^. 9

236. Mo = 0, Md = 1, keskiarvo = 1,8

237.
Moodiluokka 11-15 min
mediaaniluokka 11-15 min

238. Lasketaan määriä vastaavat asteluvut:

$\frac{16}{68} \cdot 360° \approx 85°$

$\frac{50}{68} \cdot 360° \approx 265°$

$\frac{2}{68} \cdot 360° \approx 11°$

Piirretään ympyrä ja siihen astelevyn avulla sektorit.

239. 7,6

240. 17,8 vuotta

241. 12 km/h

242. 0,7 biljoonaa euroa

243 T. 91 %

244 T. 2,7 vuotta

245 T. 48 %

246 T. 0,97 g

247 T. 0,9 %

248 T*.
[156,0 cm, 158,0 cm]

249 T*. [14,9 % ; 21,1 %]

250 T*.
A: [15,6 %, 20,4 %]
B: [13,7 %, 18,3 %]
ei voida sillä luottamusvälit menevät osittain ”päällekkäin”

251 T*.
$r = 0{,}76$,
$y = 0{,}71x + 12{,}3$

13. Lukujonot | Summat

252^A^. kuuluu

253^A^. 1

254^A^. 1948, 1952, 1956, …
$1944 + 4n$, $n = 1, 2, 3, \ldots$

255^A^. 6, 16, 30; jonon termit ovat parillisia, joten pariton luku 12321 ei voi kuulua siihen

256^A^. 1, 3, 7, 15, 31

257^A^.
a) $x = \frac{a+b}{2}$
b) $x = \sqrt{ab}$

258^A^. 3800 m

259^A^. 0, 2, 0, 4, 0, 6;
summa = 110

260. 142 kpl, summa on 71 071

261. A: 60 300 asukasta,
B: 60 300 asukasta

262. 2048 cm, 2048 cm

263. 21 474 836,48 €

264. 3754,26 €

265. Yksikkönä desilitra

a) 8, 12, 14, 15, …

b) $V_1 = 8$,

$V_{n+1} = \frac{V_n}{2} + 8$, $n = 1, 2, 3, \ldots$

266.

52	53
197	201
633	642
929	920
264	296
777	833
694	555
850	988
510	48

Populaation koon kehitys riippuu voimakkaasti alkuarvosta.

267. 1,41421

268. 46 porrasta

269^A.
Jonon $(n + 1)$:s termi on $f(n+1) = 3(n+1)+5 = 3n+8.$

Jonon n:s termi on $f(n) = 3n + 5.$

Siis seuraava termi jonossa on aina kolmen verran suurempi kuin edellinen termi, joten jono on aritmeettinen.

270^A.

a) 10000, **b)** $\frac{99}{100}$, **c)** 9

271 T. 450,64 €; 7 446,08 €

272 T. 41 570,80 €

273 T.
a) 621,04 €
b) 93 799,07 €

274. 360

275. 400 dm = 40 m, sahaus: ks. ratkaisut netistä

Kuvien lähteet

Verojen kantoa 3000 eaa., s. 19	Smith, History of Mathematics
Osa Torinon käärinliinaa, s. 27	Secondo Pia, 1898, Wikipedia
Anja-koira, s. 54	Maaruska Hiltunen
Vilho "Ville" Tuulos, s. 68	Wikipedia
Toffee-kissa, s. 74	Varenka Hiltunen
Blaise Pascal, piirros, s. 79	Maaruska Hiltunen, kahden kuvan yhdistelmä teoksesta Langenskjöld, Blaise Pascal, WSOY, Porvoo 1926.
Muinainen egyptiläinen s. 94	Segoe UI Historic –fontti
Tiipii, s. 96	Wikipedia
Valkoinen hevonen, s. 124	Varenka Hiltunen
Musta hevonen kannessa ja tuossa ↘	Muotoiltu Segoe UI Symbol –fontin mukaan
Muut kuvat	tekijä

www.ingramcontent.com/pod-product-compliance
Lightning Source LLC
Chambersburg PA
CBHW081817220526
45472CB00006B/1712
* 9 7 8 9 5 1 5 6 8 1 5 5 3 *